KB203389

챗GPT와 함께 하는

자기 주도 수학

챗GPT와 함께 하는

자기 주도 수학

ⓒ 박구연, 2025

초판 1쇄 인쇄일 2025년 2월 21일
초판 1쇄 발행일 2025년 3월 05일

지은이 박구연
펴낸이 김지영 펴낸곳 지브레인Gbrain
편 집 김현주
마케팅 조명구 제작 · 관리 김동영

출판등록 2001년 7월 3일 제2005-000022호
주소 04021 서울시 마포구 월드컵로7길 88 2층
전화 (02)2648-7224 팩스 (02)2654-7696

ISBN 978-89-5979-804-9(03410)

- 책값은 뒤표지에 있습니다.
- 잘못된 책은 교환해 드립니다.

챗GPT와 함께 하는

박구연 지음

자기주도 수학

지브레인

여러분은 스마트폰 하나로 SNS의 세상과 다양한 소통을 하며 날씨도 보고, 취미활동에 필요한 정보를 얻습니다.

그러나 '구슬이 서말이어도 꿰어야 보배'라는 유명한 속담이 있듯이 아무리 재능과 지식이 넘치더라도 그것을 최대한 활용할 줄 알아야 가치가 있습니다.

이 책은 여러분이 AI 시대를 살아가면서 인공지능을 어떻게 쓰면 보다 편리하고 잘 사용할 수 있는지를 돕기 위해 챗GPT에게서 올바른 지식을 끌어내는 지시어 즉 프롬프트를 제시하는 방법을 소개하고 있습니다.

재미있는 것들도 많은데 중학교 1학년 수학을 통해 알려 주고 있어서 재미없게 느껴질 수도 있습니다. 그런데 AI 시대에는 수학이 정말 중요합니다. AI의 언어는 수학이라고 해도 될 정도입니다. 그래서 챗GPT를 같이 공부하는 친구처럼 또는 나의 궁금증에 대해 빠르게 배울 수 있는 개인 선생님처럼 이용할 수 있다면 여러분은 다양한 호기심을 충족시키고 지식을 배울 수 있을 것입니다.

따라서 이 책이 소개하는 중학교 1학년 수학이 어떻게 구성되어 있으며, 질문 방식을 어떤 방향으로 하면 가장 좋은 답변을 얻을 수 있는지에 집중하여 자기주도적 학습방법으로 공부해 보세요.

이 책에서는 그리스식 화법을 시작으로 육하원칙도 적용하면서 학습의 효과를 높이고 효과적인 챗GPT 사용법을 배울 수 있도록 했습니다.

코파일럿과 제미나이를 주로 이용하여 다양한 유형과 문제에 대해 질문했지만 여러분에게 잘 맞는 다른 챗GPT에게 책의 내용에 따라 질문해도 됩니다.

여러분이 챗GPT와 주고받은 대화의 맥락에 따라 같은 질문이라도 다양한 답변이 나올 수 있다는 것도 알아두세요. '쉽게' 또는 '이해하기 쉽게'라는 부사도 챗GPT의 답변을 더욱 정확하게 해 줄 것입니다.

같은 질문이라도 조금 더 정확하게 또는 구체적으로 여러 번 하면 챗GPT는 여러분이 더 이해하기 쉽게 설명해 주기도 합니다.

여러분의 부족한 부분을 채워주는 맞춤형 학습법의 효과로 나만을 위한 선생님에게 배우는 기분일 것입니다.

이 책으로 중학교 수학이 어렵다는 생각을 벗고 얼마든지 재미있게 배울 수 있다는 것을 꼭 경험할 수 있기를 바랍니다.

박구연

챗GPT에 대해 생각해 봐요.

우리가 앞으로 사는 세상에서 챗GPT는 다음과 같은 역할을 할 것으로 예상됩니다.

교육 도우미: 개인 맞춤형 학습 지원을 통해 학생들이 자기 주도 학습을 하며 다양한 주제를 쉽게 이해할 수 있도록 도와줍니다.

정보 검색: 수많은 정보를 신속하게 제공하여 사용자가 필요한 자료를 쉽게 찾을 수 있게 해 줄 수 있어요.

업무를 도와줘요: 데이터 분석, 문서 작성, 일정 관리 등 다양한 업무를 효율적으로 지원해 줍니다.

창의적 작업: 글쓰기, 디자인, 음악 작곡 등 창의적인 작업에서 아이디어를 제공하고 영감을 줄 수 있습니다.

의사소통 도구: 언어 장벽을 허물고 다양한 언어로 소통할 수 있게 도와줍니다.

심리적 지원: 정서적 지원을 제공하고, 스트레스 관리나 상담 역할을 할 수 있습니다.

이 중 몇 가지는 이미 이용되고 있으며 앞으로 더 많은 분야에서 이용하게 될 것이라고 합니다.

그렇다면 챗GPT로 수학을 공부하면 어떤 장점이 있을까요?

1 질문을 하면 바로 답변을 받을 수 있어 학습 속도가 빠릅니다.
2 같은 개념이라도 구체적으로 질문하면 여러 가지 방법으로 설명해 주어 이해하기 쉽도록 도와줍니다.
3 1년 365일 언제 어디서나 질문할 수 있어 시간과 장소에 상관없이 배울 수 있습니다.
4 내가 질문하는 내용에 따라 답을 해 주기 때문에 자신의 수준에 맞춰 질문하고 배우며 이해할 수 있습니다.
5 수학의 이론과 정의 그리고 개념뿐만 아니라 공부하고 싶은 수학 문제를 단계별로 풀이하는 과정을 설명해 줄 수 있습니다.
6 어떤 수학 분야라 해도 필요한 이론이나 공식을 쉽게 찾아볼 수 있습니다.
7 수학과 관련된 생활 속 수학이나 천문학, 국어, 사회 등 많은 분야의 과목에 수학이 필요한 이유 등 우리가 왜 수학을 알아야 하는지 궁금증을 알아볼 수 있습니다.

이처럼 챗GPT를 통해 여러분은 어느 분야이던지 재미있고 중요한 많은 지식을 알 수 있게 될 것입니다.

챗GPT를 이용할 때는 이런 점을 주의해야 해요.

챗GPT는 아직 완전하지 않아요. 그래서 잘못된 정보나 지식을 알려줄 수도 있어요. 때로는 질문의 뜻을 잘못 이해해서 이해하기 쉬운 답을 줄 수 없을지도 몰라요. 따라서 챗GPT에게 질문할 때는 다음과 같은 내용을 지키면 더 정확한 답을 해 줄 거예요.

1 **"다음 문제의 정답만 알려주세요."**라고 명확하게 요청해야 해요.
2 **"2 + 2의 정답은 무엇인가요?"**처럼 구체적으로 질문해야 해요.
3 **"정답만 간단히 말해 주세요.", "또는 12살 어린이가 이해하기 쉽게 답을 해 주세요."** 와 같이 어떻게 답을 해 줬으면 좋은지 요청하세요.

챗GPT를 잘 이용하는 사람은 앞으로 시간과 비용을 절약하면서 더 좋은 결과를 낼 수 있다고 해요. 이 책을 통해 어떻게 하면 챗GPT에게 좋은 질문과 답을 찾을 수 있는지 잘 활용할 수 있기를 바랍니다.

똑똑!! 기억하세요

질문을 하고 챗GPT가 답을 한 이미지들은 모두 실제로 질문해서 챗GPT가 답을 한 것을 그대로 옮긴 것입니다. 따라서 띄어쓰기와 오탈자가 있을 수 있습니다. 하지만 수학적인 내용은 올바른 답이 나올 때까지 질문을 해서 쉽고 정확한 답이 나온 것을 선택해서 소개했습니다.

미지수를 뜻하는 x와 같은 수학기호는 우리가 자판기를 치면 x로 나오는 등 우리가 질문하는 그대로를 담은 만큼 참고하길 바랍니다.

차 례

챗GPT의 세계를 수학으로 만나요

1. 챗GPT를 이용하면 수학이 쉬워진다

-챗GPT에게 좋은 질문을 하면 친절하고 쉽게 이해할 수 있도록 도와주는 나만의 선생님을 만날 수 있어요.

여러분! 반갑습니다.

여러분은 이미 AI와 대화하고 다양하게 이용하는 방법을 알고 있을 거예요. 유튜브나 인스타그램에서 쇼츠나 릴스를 올려본 적이 있다면 또는 게임을 만들어 보거나 게임을 하면서 다양한 AI를 만나보았을 것입니다. 그리고 지금은 챗GPT의 시대를 살고 있기 때문에 챗GPT를 다양하게 이용해 본 적도 있을 것입니다. 그림을 그리거나 궁금한 것을 물어보거나 어떤 사람은 친구처럼 대화를 하기도 해요.

그런데 이런 챗GPT를 이용하는 방법 중에는 내가 공부하다가 막히거나 궁금한 것을 가르쳐주는 나만의 선생님으로 만나는 방법도 있답니다. 그중에서도 수학은 효율적이면서도 효과적인 공부가 가능한 정말 좋은 선생님 역할도 가능하답니다.

챗GPT는 수학 문제를 빠르게 계산하는 기능만 가진 것이 아니라 어떻게 질문하는지에 따라 수학과 관련된 수많은 것들을 알려 주는 만능의 선생님도 될 수 있기 때문입니다.

하지만 아직 챗GPT는 완전하게 수학을 가르쳐 줄 정도로 발전된 것은 아닙니다.

따라서 챗GPT를 이용하는 방법을 잘 알아야 멋진 나만의 선생님을 만날 수 있답니다.

이 책에서는 여러분이 챗GPT를 이용해 수학을 쉽고 재미있게 그리고 효과적으로 공부할 수 있도록 다양한 질문과 예시를 보여 줄 거예요.

이를 위해 우리는 다음과 같은 순서로 챗GPT를 이용한 수학을 알아볼 거예요.

(1) 단원을 배우는 목적을 알아본다. (육하원칙)

(2) 챗GPT로 개념을 이해한다.

(3) 해당 단원의 문제를 생성하고 풀이를 챗GPT에 요청한다.

(4) 여러 번 피드백으로 어렵게 생각하는 풀이를 점검한다.

여러분은 수학 교과서나 수학책을 볼 때 목차를 먼저 볼 것입니다. 이 책은 중학교 1학년 교과서를 기준으로 설명할 것입니다. 따라서 중학교 1학년 동안 무엇을 배우는 거지? 초등학교 때 배운 수학이 중학교에서는 어떻게 나올까? 여러 가지 궁금한 것들이 생길 것입니다.

만약 어렵게 느껴진다면 이렇게 해 보세요.

먼저 단원에 해당하는 제목을 하나씩 챗GPT에게 질문만 해도 대강 무슨 내용인지 빨리 파악할 수 있게 됩니다.

더 쉽게 이해하고 싶다면 제일 먼저 단원을 배우는 목적을 육하원칙에 따라 질문해 보세요.

육하원칙은 영어 시간에 들어 본 적이 있지요? 수학에서도 사용가능합니다. 먼저 육하원칙이 무엇인지 챗GPT에게 질문을 해 보겠습니다.

육하원칙이 무엇인지 쉽게 설명해 주세요.

육하원칙은 사실을 명확하게 전달하고 이해하기 위해 사용하는 방법이에요. 영어로는 "5W1H"라고 부르는데, 다음 여섯 가지 질문으로 구성돼요:

- **누가** (Who)
- **언제** (When)
- **어디서** (Where)
- **무엇을** (What)
- **왜** (Why)
- **어떻게** (How)

예를 들어, 친구와 만날 계획을 세울 때 육하원칙을 적용해볼까요?

- **누가**: 나와 내 친구가
- **언제**: 이번 주 토요일 오후 2시에
- **어디서**: 서울 강남의 카페에서
- **무엇을**: 점심과 함께 커피를 마실 거야
- **왜**: 오랜만에 만나서 이야기를 나누기 위해
- **어떻게**: 지하철 타고 갈 거야

이렇게 하면 계획이 더 구체적이고 명확해져요. 이해하기 쉽죠? 😊

육하원칙을 적용하여 질문을 하면 수학의 단원별로 알 수 있는 것이 많습니다. 예를 들어 육하원칙을 이용하여 함수에 대해 챗GPT에게 질문해 볼까요?

누가(Who) 함수를 발견했는지? 함수는 무슨(What) 수학 분야와 관계가 있는지? 함수는 언제(When) 발견되었는지? 함수는 어디에(Where) 사용되는지? 왜(Why) 공부하는지? 함수는 어떻게(How) 공부하는 것이 효과적인지? 등과 같은 여러분이 궁금한 질문들을 물어보세요.

육하원칙으로 묻는 방법은 모두 같은 것이 아니라 여러분이 어떻게 질문하는지에 따라 차이가 날 수도 있습니다.

특히 여러분이 어렵다고 생각하는 수학 분야가 있다면 육하원칙 중 하나인 왜(Why)에 초점을 맞추어 왜 공부해야 하는지 왜 중요한지 왜 필요한지 등등 어떤 것을 물어보는지에 따라 그 분야에 대한 흥미를 키울 수도 있습니다.

두 번째는 단원에 등장하는 수학 개념을 챗GPT로 집중적으로 알 수 있습니다.

중학교 수학은 초등학교 때와는 달리 용어의 개념과 정의를 확실히 아는 것이 중요합니다. 직선이나 선분은 대략 그림으로 그리거나 설명할 수 있지만 챗GPT의 개념으로 이해한다면 여러분이 꼭 기억해야 하는 용어라는 점도 알게 될 것입니다. 애매모호하거나 자꾸 틀린다면 개념은 분명히 할 필요가 있습니다.

세 번째는 해당 단원의 문제를 생성하는 것입니다. 처음 학습할 때는 5문제 정도나 10문제 정도로 챗GPT에게 문제를 만들게 하는 것이 중요합니다.

기본 문제를 중심으로 개념을 이해했으면 풀어보는 과정입니다.

처음 접하는 단원일수록 많은 문제를 생성하여 풀이하는 것이 좋습니다. 너무 난이도가 높은 단원이나 중단원을 학습한다면 1문제씩 만들어 풀어보는 것도 중요합니다. 문제를 수식으로 직접 입력하여 푸는 방법도 있습니다.

교과서나 참고서의 문제를 직접 입력하여 풀이 과정을 익혀두세요.

네 번째는 단원의 이해도가 낮은 중단원을 다시 한 번 더 검토하는 것입니다. 그래서 개념 및 다양한 문제를 만들어서 여러 번 확인하는 것이 좋습니다. 단원마다 이해하는 정도가 다르고 난이도가 차이가 있습니다. 또한 중단원에서 설명하는 수학 개념의 이해도가 낮은 경우도 많습니다. 문제를 풀다 보면 틀리는 부분도 나올 거예요. 이런 실수를 줄이기 위해서 검토하는 것은 매우 중요하답니다.

2. 챗GPT와는 친구처럼 대화하듯 편하게 어떤 것이든 질문하며 내가 가진 의문의 답을 찾아보자

여러분은 궁금한 것이 생기면 챗GPT와 대화하는 방식으로 궁금증이 풀릴 때까지 질문해 보는 것이 좋습니다. 학교나 학원에서 선생님에게 질문을 할 수도 있지만 시간의 제약이나 상황 때문에 제대로 모든 궁금증을 물어보고 답을 듣는 데는 한계가 있었던 경험이 많을 것입니다.

그래서 시간과 공간에 구애받지 않고 편하게 질문하고 답을 들을 수 있는 챗GPT는 좋은 개인 선생님이 되어 줄 수 있습니다. 어떤 질문이든 가능하고 세상의 수많은 지식을 담은 챗GPT와의 대화는 흥미와 재미를 갖게 해 줄 것입니다.

3. 그리스식 대화법!

챗GPT와의 대화 방식은 그리스식 대화법이 좋다고 합니다. 그렇다면 그리스식 대화법은 뭘까요? 지금부터 챗GPT와 그리스식 대화법에 대해 질문해 보겠습니다.

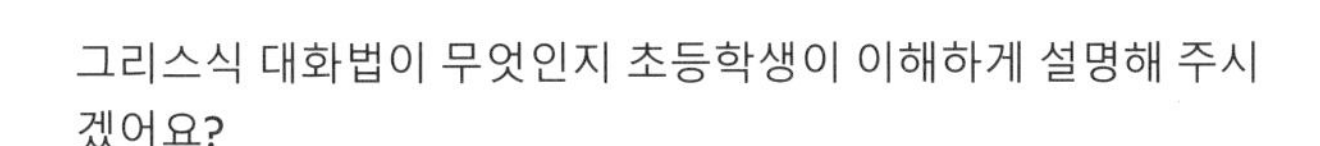

그리스식 대화법이 무엇인지 초등학생이 이해하게 설명해 주시겠어요?

물론이죠! 그리스식 대화법은 고대 그리스 사람들이 사용한 대화 방법이에요. 아주 똑똑하고, 논리적으로 생각하는 사람들이 많이 사용했어요. 여기서는 주로 소크라테스라는 철학자가 유명해요.

소크라테스는 대화를 통해 사람들에게 질문을 많이 했어요. 이렇게 하면 사람들은 자신이 잘 모르거나 생각하지 못한 부분을 깨닫게 돼요. 이것을 "소크라테스 방법"이라고 해요. 예를 들어, 소크라테스는 "용기가 무엇일까?"라고 질문하고, 다른 사람이 대답하면 그 대답에 다시 질문을 던지면서 더 깊이 생각하게 만들었어요.

그리스식 대화법의 주요 특징은 다음과 같아요:

- **질문하기**: 상대방에게 생각할 수 있는 질문을 던져요.
- **경청하기**: 상대방의 말을 잘 듣고 이해하려고 노력해요.
- **논리적으로 생각하기**: 생각을 체계적으로 정리하고 말해요.

이 방법을 사용하면 친구와의 대화가 더 깊어지고, 서로에게 배울 수 있는 점이 많아져요. 😊

그리스식 화법은 꼬리에 꼬리는 무는 질문과 답변으로 이어가는 대화법입니다. 이런 대화법은 궁금증이 많고 그걸 이해하는 과정에서 학습 효과와 질문 분야에 대한 흥미를 키우는데 큰 영향을 줄 수 있습니다.

'공부가 재미있다고 주장한다면 그건 판타지예요'라고 말하고 싶을 수도 있어요.

그런데 그리스식 대화법으로 궁금한 것들을 알아가는 방법은 실력도 늘고 아는 것도 많아지면서 재미를 느끼게 해 줄 수 있습니다. 질문하는 방식도 스스로 개발하거나 터득하게 됩니다.

혹시 챗GPT에 나오는 단어가 교과서나 참고서의 단어와 다를 때가 있을지도 모릅니다. 이때는 그 단어에 대해 질문해서 자신이 아는 단어나 내용이 나올 때까지 이해해 가는 과정도 좋은 학습 과정이 될 것입니다.

이 과정에서 혹시 챗GPT가 쉽게 설명하지 못할 수도 있습니다.

예를 들어 방정식을 푸는데 변환이라는 단어가 등장하여 의미를 모르겠다면 쉬운 용어로 바꾸도록 부탁하면 됩니다. 그러면 챗GPT는 전개 또는 이항이라는 단어로 조금 더 쉽게 나타내 주기도 합니다.

아직은 챗GPT가 완전하지 않으며 유료 버전이 아닌 무료 버전이라면 더더욱 실수하는 부분이나 아직 부족한 부분이 있을 것입니다. 또 중학교 1학년 수학 과정을 완벽하게 설명하는 데는 부족할 수도 있습니다.

그런데 매우 빠르게 발전하고 있기 때문에 챗GPT의 이러한 문제점은 하루가 다르게 개선될 것입니다.

여러분은 질문을 할 때 이 한 가지는 꼭 기억해 두세요. 질문을 할 때는 '초등학교 4학년생이 이해하게 또는 초등학교 5학년생이 이해하게' 등으로 나이나 학년을 같이 이야기해서 챗GPT가 나이에 맞도록 또는 상황에 맞도록 대답할 수 있게 구체적으로 질문하는 것입니다.

'너무 어렵습니다. 다시 쉽게 설명해 주세요'라고 질문하는 것도 좋은 방법입니다.

똑똑!! 기억하세요

챗GPT에게 그리스식 화법처럼 꼬리에 꼬리를 무는 질문과 답변으로 수학 문제를 해결하는 것은 매우 효과적이고 좋은 방법입니다.

친구나 선생님의 대화하듯이 챗GPT에 모르는 부분을 구체적으로 쉽게 질문하세요.

'초등학생이 이해하게'라는 문구로 질문하면 챗GPT는 더 쉽고 자세하게 답변을 해 줄 것입니다.

1+1 =
Y
1+1 =
?
x+y=

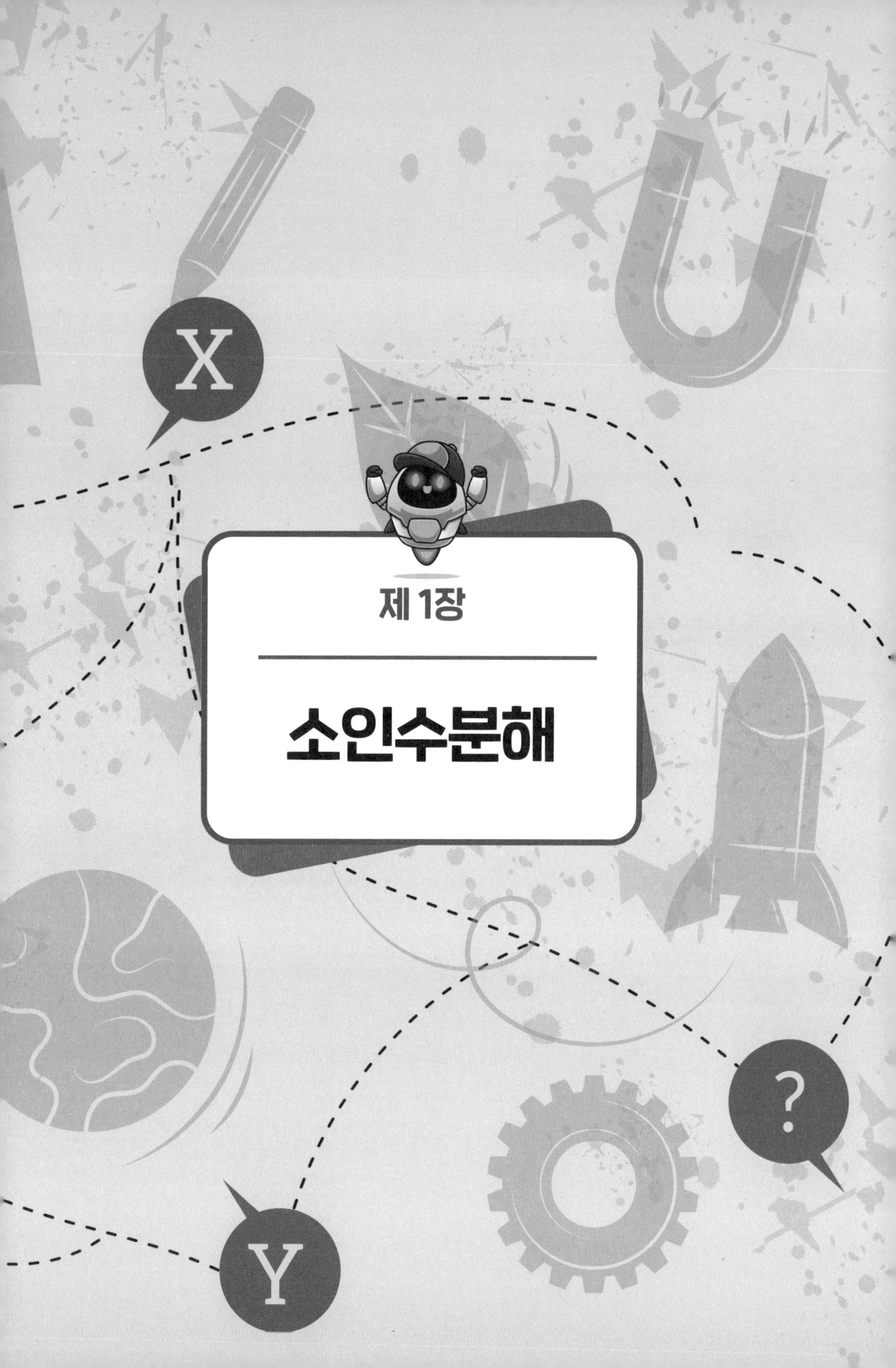
제 1장
소인수분해
X
Y
?

우리는 앞에서 챗GPT에게 어떻게 질문해야 하는지에 대해 알아봤습니다.

이제 본격적으로 중학교 1학년 수학 교과서를 기준으로 챗GPT를 이용해 수학을 보다 쉽고 재미있게 공부하는 방법에 대해 알아볼까 합니다.

이제 소인수분해를 시작한다면 여러분은 소인수분해에서 뭐가 가장 궁금한가요? 제 궁금증을 기준으로 챗GPT와 대화해 보겠습니다. 앞에서 살펴본 대로 가장 먼저 Who에 해당하는 단어를 사용해 보겠습니다.

소인수분해는 누가 배울까요? 챗GPT에게 물어보았습니다.

소인수분해는 누가 배우나요?

소인수분해는 모든 학생들이 배우는 중요한 수학 개념입니다. 일반적으로 중학교 1학년 때부터 학습하며, 숫자를 더 작은 소수들의 곱으로 나누는 방법을 배웁니다. 이는 수학 문제를 해결하는 기초 지식을 제공합니다.

소인수분해는 다양한 수학 분야에서 사용되며, 약수와 배수, 최대공약수와 최소공배수 등을 찾는 데에도 큰 도움이 됩니다. 이를 통해 학생들은 수학의 기본 개념을 이해하고, 더 복잡한 문제를 해결할 수 있는 능력을 키우게 됩니다.

더 알고 싶은 내용이나 다른 질문이 있으면 언제든지 말씀해 주세요! 😊

여러분은 초등학교 5학년 때 배우는 약수와 배수 단원을 바탕으로 중학교 1학년 과정에 배우게 되는 소인수분해를 이해하게 됩니다. 또한 소인수분해로 최대공약수와 최소공배수 및 다양한 문제를 구하는 방법도 학습하게 됩니다.

계속해서 이번에는 육하원칙으로 소인수분해에 대해 알아볼까요?

무엇(What)에 해당하는 질문입니다. 수학에 앞서 일상생활의 무엇과 관련이 있는 있는지 챗GPT에게 질문하겠습니다.

소인수분해는 일상생활의 무엇과 관련이 있나요?

소인수분해는 숫자를 작은 소수들의 곱으로 분해하는 과정이기 때문에, 일상생활에서 다양한 방식으로 응용될 수 있어요. 몇 가지 예를 들어볼게요:

1. **조리법**: 요리할 때 재료를 나누고 분배하는 과정에서 소인수분해가 도움이 될 수 있어요. 만약 특정 재료를 여러 사람에게 공평하게 나눠주어야 한다면, 소인수분해를 통해 각자에게 필요한 양을 계산할 수 있어요.
2. **시간 관리**: 하루를 관리하는 데 있어서 소인수분해를 통해 각 활동에 시간을 배분할 수 있어요. 예를 들어, 24시간을 다양한 활동에 나눌 때, 이를 소인수로 분해하여 보다 효율적으로 계획을 세울 수 있죠.
3. **금융 관리**: 예산을 짜고 지출을 관리할 때, 큰 금액을 작은 항목으로 나누는 과정에서 소인수분해가 유용해요. 예를 들어, 한 달의 지출을 여러 소항목으로 나누어 관리하면 보다 체계적으로 예산을 통제할 수 있어요.
4. **물건 정리**: 집안의 물건을 정리할 때도 소인수분해를 활용할 수 있어요. 예를 들어, 큰 박스를 여러 작은 상자로 나눌 때, 소인수로 분해하여 적절하게 분배할 수 있어요.

이처럼 소인수분해는 숫자와 관련된 다양한 일상생활에서 효율적으로 활용될 수 있는 중요한 개념이에요. 😊

혹시 더 궁금한 점이나 다른 질문이 있으시면 알려주세요!

수학으로만 보이던 소인수분해가 생각보다 우리 일상생활 여러 곳에서 쓰인다는 것을 알 수 있습니다.

이번에는 소인수분해가 언제(When) 발견되었는지 알아볼까요? 소인수분해의 역사에 대해 챗GPT에게 질문하겠습니다.

소인수분해의 역사를 알려주세요.

소인수분해의 역사는 수많은 수학자들의 연구와 발전을 통해 형성되었어요. 여기 몇 가지 주요 사건을 소개할게요:

1. **고대**: 소인수분해의 개념은 고대 수학에서부터 시작되었어요. 예를 들어, 바빌로니아와 그리스의 수학자들은 소수와 합성수를 연구하며, 이러한 개념을 사용했어요.

2. **유대-히브리 수학**: 유대-히브리 수학자들은 소인수분해를 사용하여 다양한 수학적 문제를 해결했어요. 이들은 소수의 중요성을 인식하고, 이를 통해 수학적 문제를 풀었어요.
3. **중세**: 중세 유럽에서는 소인수분해가 더욱 발전했어요. 아라비아 수학자들이 유클리드의 원론을 연구하여 실생활 해결에 활용했어요.
4. **근대**: 17세기에는 페르마의 소정리가 발견되었고, 이는 소인수분해의 중요성을 더욱 강조했어요. 이 정리는 모든 소수는 형태를 불변하게 유지하는 것을 보여주었어요.
5. **현대**: 현대에는 소인수분해가 암호학에서 중요한 역할을 하고 있어요. 특히, RSA 암호 알고리즘은 소인수분해의 어려움을 이용해 안전한 통신을 제공합니다.

소인수분해는 수학의 기초적인 개념 중 하나이며, 수많은 수학자들의 연구와 발전을 통해 현재의 형태로 발전해 왔습니다. 이를 통해 수학적 문제를 풀고, 암호학에서도 중요한 역할을 하고 있죠.

소인수분해의 역사는 매우 오래되었습니다. 고대에 이미 소인수분해를 사용했으며 현대에는 암호학에서 많이 사용하기도 하는 중요한 수학 단원입니다. 컴퓨터 과학에도 널리 사용됩니다. 참고적으로 양자역학 같은 과학의 어려운 분야에서도 널리 사용하지요.

이번에는 어디에(Where)에 사용하는지 알아볼까요?

소인수분해는 어디에 사용되나요?

소인수분해는 여러 분야에서 중요한 역할을 합니다. 아마도 이렇게 정리할 수 있을 것 같아요:

1. **암호학**: RSA 같은 현대 암호화 알고리즘은 소인수분해를 기반으로 데이터 암호화와 해독을 합니다.
2. **통계학**: 데이터 분석과 확률 계산에서 사용됩니다. 특히 데이터의 분포를 분석할 때 유용합니다.
3. **디지털 회로 설계**: 오류 정정 코드와 암호화 알고리즘 설계 시 사용됩니다.
4. **주파수 분석 및 신호 처리**: 주파수를 분석하고 신호를 처리할 때, 소인수분해를 통해 신호 성분을 분해하고 분석하는 데 사용됩니다.

5. **수학 교육**: 최대공약수(GCD)와 최소공배수(LCM)를 구하는 데 사용되며, 기초 수학 개념을 이해하고 문제 해결 능력을 키우는 데 도움이 됩니다.
6. **과학적 연구**: 자연 현상을 모델링하고 분석하는 과정에서 소인수분해가 활용됩니다.

이렇게 소인수분해는 다양한 분야에서 광범위하게 사용됩니다. 더 궁금한 점이나 다른 주제에 대해 이야기하고 싶으신가요? 😊

소인수분해가 암호학 외에도 주파수나 신호 처리, 회로 설계 같은 공학에도 사용된다고 챗GPT는 구체적 예시를 들어 설명했습니다. 통계학에서도 사용한다고 이야기하고 있습니다. 혹시 답변에서 어려운 단어가 있다면 찾아보면서 이해해 보세요. 그럼 더 많은 것을 배울 수 있을 것입니다.

다음으로 왜(Why) 배우는지 질문하겠습니다. 중요한 질문이며 매 단원마다 질문할 수도 있는 중요한 것입니다.

소인수분해를 왜 배울까요?

소인수분해는 수학에서 매우 중요한 개념으로, 단순히 문제를 푸는 도구를 넘어 다양한 분야에서 활용될 수 있는 기본적인 사고 능력을 키워줍니다.

소인수분해를 배우는 이유

- **수의 성질 이해:** 소수라는 가장 기본적인 수의 성질을 이해하고, 이를 통해 다른 수들의 특징을 파악할 수 있습니다.
- **약수와 배수:** 약수와 배수의 개념을 쉽게 이해하고, 공약수, 최소공배수를 구하는 데 필수적인 도구입니다.
- **분수와 소수:** 분수의 약분, 통분, 소수의 유한소수와 무한소수 판별 등 다양한 분야에서 활용됩니다.
- **방정식:** 방정식의 해를 구하는 과정에서 인수분해를 이용하기도 합니다.

- **정수론:** 정수론은 소수와 관련된 다양한 성질을 연구하는 학문으로, 소인수분해는 정수론의 기본 도구입니다.
- **컴퓨터 과학:** 암호학 등 컴퓨터 과학 분야에서도 소인수분해가 중요하게 활용됩니다.
- **추상적 사고력 향상:** 숫자를 소수의 곱으로 나타내는 과정에서 추상적인 사고 능력을 키울 수 있습니다.

일상생활에서의 활용 예시

- **요리:** 여러 가지 재료를 섞어서 요리를 할 때, 최소공배수를 이용하여 재료를 가장 효율적으로 사용할 수 있습니다.
- **달력:** 달력을 만들 때, 최소공배수를 이용하여 특정한 날짜가 요일에 해당하는지 쉽게 알 수 있습니다.

왜 소인수분해가 중요할까요?

소인수분해는 마치 레고 블록을 분해하여 각각의 블록을 이해하는 것과 같습니다. 수를 가장 작은 단위인 소수로 분해하면, 그 수의 성질을 더 잘 파악하고 다양한 문제에 적용할 수 있게 됩니다.

예를 들어, 12라는 숫자를 소인수분해하면 2 x 2 x 3으로 나타낼 수 있습니다. 이를 통해 12의 약수가 1, 2, 3, 4, 6, 12라는 것을 쉽게 알 수 있고, 12와 18의 최소공배수를 구하는 문제도 쉽게 해결할 수 있습니다.

좀 더 쉽게 설명하면

소인수분해는 어떤 수를 구성하는 가장 기본적인 요소를 찾는 과정이라고 할 수 있습니다. 마치 건물을 짓는 데 사용된 벽돌을 찾는 것과 같습니다. 이렇게 찾아낸 기본 요소들을 이용하여 다양한 수학 문제를 해결하고, 수학적인 사고력을 키울 수 있습니다.

결론적으로, 소인수분해는 수학의 기본적인 개념이지만, 이를 통해 우리는 수의 세계를 더 깊이 이해하고, 다양한 문제 해결 능력을 키울 수 있습니다.

궁금한 점이 있다면 언제든지 질문해주세요!

소인수분해를 배우는 이유를 일곱 가지로 설명했습니다.

이렇게 계속 질문에 질문을 하면 챗GPT는 자신이 가진 지식을 이용해 답을 줄 것입니다.

육하원칙의 마지막인 어떻게(How)로 질문하는 것은 풀이방법을 질문하는 것으로 문장을 살짝 바꾸어 보겠습니다.

소인수분해의 풀이방법을 설명해 주세요.

소인수분해는 주어진 수를 소수들의 곱으로 분해하는 과정입니다. 다음은 소인수분해를 단계별로 설명하는 방법입니다:

소인수분해 방법

1. **소수 찾기**: 주어진 수를 나눌 수 있는 가장 작은 소수를 찾습니다. 소수는 1과 자기 자신으로만 나누어지는 수를 말합니다. 예를 들어, 2, 3, 5, 7 등이 소수입니다.
2. **나눗셈**: 주어진 수를 소수로 나눕니다. 나누어 떨어질 때까지 같은 소수로 계속 나누어줍니다. 더 이상 나눌 수 없으면 다음 소수로 넘어갑니다.
3. **반복**: 위의 과정을 반복하여 모든 소수들로 나누어 떨어질 때까지 진행합니다. 나머지가 1이 될 때까지 나누어야 합니다.
4. **곱으로 나타내기**: 나눈 소수들을 곱의 형태로 나타냅니다. 이때의 소수들의 곱이 바로 주어진 수의 소인수분해입니다.

예시

24의 소인수분해를 해보겠습니다.

1. 가장 작은 소수인 2로 나눕니다: 24 ÷ 2 = 12
2. 다시 2로 나눕니다: 12 ÷ 2 = 6
3. 또 2로 나눕니다: 6 ÷ 2 = 3
4. 이제 더 이상 2로 나눌 수 없으므로 다음 소수인 3으로 나눕니다: 3 ÷ 3 = 1

따라서, 24의 소인수분해는 $24 = 2^3 \times 3$ 입니다.

이 예시를 통해 소인수분해를 이해하는 데 도움이 되었기를 바랍니다! 다른 질문이나 도움이 필요한 부분이 있으면 언제든지 말씀해 주세요. 😊

소인수분해의 풀이방법에 대해 챗GPT의 답변을 얻었습니다. 혹시 어렵다고 생각되는 수학 분야가 있다면 왜(Why) 그 단원을 하는지에 대해 질문만 해도 배워야 할 이유가 있구나!를 알게 될 것입니다.

지금까지 육하원칙으로 챗GPT에게 질문하여 소인수분해에 대해 알아보았습니다. 혹시 궁금한 질문들이 더 있다면 망설이지 말고 챗GPT에게 무엇이든 질문해 보세요.

이번에는 소인수분해를 학습할 때 기본 문제를 만들어 보겠습니다. 챗GPT로 문제를 생성해 보는 것입니다.

소인수분해의 기본문제를 만들어 주세요.

물론입니다! 소인수분해를 연습할 수 있는 기본 문제들을 만들어 보았습니다.

문제 1

8을 소인수분해해 보세요.

문제 2

14를 소인수분해해 보세요.

문제 3

20을 소인수분해해 보세요.

문제 4

28을 소인수분해해 보세요.

문제 5

45를 소인수분해해 보세요.

이 문제들을 풀어보시고 도움이 필요하면 언제든지 말씀해 주세요! 😊

풀이도 해주세요.

물론입니다! 각 문제에 대한 풀이를 함께 제공해 드릴게요.

문제 1: 8을 소인수분해해 보세요.

- 8 ÷ 2 = 4
- 4 ÷ 2 = 2
- 2 ÷ 2 = 1
- 따라서, $8 = 2^3$

문제 2: 14를 소인수분해해 보세요.

- 14 ÷ 2 = 7
- 7은 소수이므로 더 나눌 필요가 없습니다.
- 따라서, $14 = 2 \times 7$

문제 3: 20을 소인수분해해 보세요.

- 20 ÷ 2 = 10
- 10 ÷ 2 = 5
- 5는 소수이므로 더 나눌 필요가 없습니다.
- 따라서, $20 = 2^2 \times 5$

문제 4: 28을 소인수분해해 보세요.

- 28 ÷ 2 = 14
- 14 ÷ 2 = 7
- 7은 소수이므로 더 나눌 필요가 없습니다.
- 따라서, $28 = 2^2 \times 7$

문제 5: 45를 소인수분해해 보세요.

- 45 ÷ 3 = 15
- 15 ÷ 3 = 5
- 5는 소수이므로 더 나눌 필요가 없습니다.
- 따라서, $45 = 3^2 \times 5$

이제 각 문제의 풀이를 참고하여 소인수분해를 이해하는 데 도움이 되셨길 바랍니다! 다른 질문이나 도움이 필요한 부분이 있으면 언제든지 말씀해 주세요! 😊

어떤가요? 5개의 기본적인 소인수분해 문제가 생성되었고 풀이도 함께 나와 이해할 수 있습니다.

이처럼 챗GPT를 이용한다면 바로바로 소인수분해 문제를 만들어 실력을 쌓을 수 있습니다. 난이도도 쉽거나 어렵게 해서 다양한 응용문제를 풀어 볼 수도 있습니다.

중학교 과정의 소인수분해를 배웠다면 응용문제를 생성해 달라고 챗GPT에게 요청해 풀어 볼 수도 있습니다.

소인수분해의 응용문제를 만들어 주세요.

물론입니다! 소인수분해의 응용 문제를 만들어 보겠습니다. 이 문제들은 소인수분해를 실생활 상황이나 다른 수학적 개념과 연관시켜 생각해볼 수 있는 기회를 제공합니다.

응용 문제 1

한 교실에 48명의 학생이 있습니다. 이 학생들을 동일한 크기의 그룹으로 나누고자 할 때, 가능한 최대 그룹의 수를 소인수분해를 이용하여 구하세요.

응용 문제 2

한 농부가 60개의 사과와 45개의 오렌지를 가지고 있습니다. 농부는 각각의 과일을 같은 수의 바구니에 나누어 담으려고 합니다. 각각의 바구니에는 사과와 오렌지가 같은 수만큼 들어가야 합니다. 가능한 최대 바구니의 수를 소인수분해를 이용하여 구하세요.

응용 문제 3

한 숫자 게임에서 참가자는 90개의 카드로 이루어진 덱을 사용합니다. 이 덱을 가능한 한 큰 동일한 크기의 더미로 나누고자 할 때, 각 더미의 카드 수를 소인수분해를 이용하여 구하세요.

응용 문제 4

100개의 연필과 80개의 공책이 있습니다. 이 연필과 공책을 가능한 한 큰 동일한 크기의 세트로 나누고자 할 때, 각 세트에 포함될 연필과 공책의 수를 소인수분해를 이용하여 구하세요.

응용 문제 5

한 박스에는 72개의 사탕이 들어 있습니다. 이 사탕들을 각각 같은 수의 작은 봉지에 나누고자 합니다. 가능한 최대 봉지의 수를 소인수분해를 이용하여 구하세요.

이 문제들을 풀어보시고, 어려운 부분이 있으면 언제든지 말씀해 주세요! 😊

풀어 주세요.

물론입니다! 각 응용 문제의 풀이를 제공해 드릴게요.

응용 문제 1

한 교실에 48명의 학생이 있습니다. 이 학생들을 동일한 크기의 그룹으로 나누고자 할 때, 가능한 최대 그룹의 수를 소인수분해를 이용하여 구하세요.

풀이: 48의 소인수분해를 해보겠습니다.

- 48 = 2 × 24
- 24 = 2 × 12
- 12 = 2 × 6
- 6 = 2 × 3 따라서, 48 = $2^4 \times 3$

최대 그룹의 수는 2와 3의 조합 중 최소의 값이 될 수 있는 수입니다. 48의 약수는 1, 2, 3, 4, 6, 8, 12, 16, 24, 48입니다. 가능한 최대 그룹의 수는 **48명**입니다.

응용 문제 2

한 농부가 60개의 사과와 45개의 오렌지를 가지고 있습니다. 농부는 각각의 과일을 같은 수의 바구니에 나누어 담으려고 합니다. 각각의 바구니에는 사과와 오렌지가 같은 수만큼 들어가야 합니다 가능한 최대 바구니의 수를 소인수분해를 이용하여 구하세요.

풀이: 60의 소인수분해: 60 = $2^2 \times 3 \times 5$, 45의 소인수분해: 45 = $3^2 \times 5$

공통 소인수를 찾습니다: 3과 5 최대 공약수는 $3^1 \times 5^1 = 15$
따라서, 가능한 최대 바구니의 수는 **15개**입니다.

응용 문제 3

한 숫자 게임에서 참가자는 90개의 카드로 이루어진 덱을 사용합니다. 이 덱을 가능한 한 큰 동일한 크기의 더미로 나누고자 할 때, 각 더미의 카드 수를 소인수분해를 이용하여 구하세요.

풀이: 90의 소인수분해: 90 = $2 \times 3^2 \times 5$

90의 약수는 1, 2, 3, 5, 6, 9, 10, 15, 18, 30, 45, 90입니다. 가능한 최대 더미의 수는 **90개**입니다.

응용 문제 4

100개의 연필과 80개의 공책이 있습니다. 이 연필과 공책을 가능한 한 큰 동일한 크기의 세트로 나누고자 할 때, 각 세트에 포함될 연필과 공책의 수를 소인수분해를 이용하여 구하세요.

풀이: 100의 소인수분해: 100 = $2^2 \times 5^2$ 80의 소인수분해: 80 = $2^4 \times 5$

공통 소인수를 찾습니다: 2와 5 최대 공약수는 $2^2 \times 5^1 = 20$

따라서, 가능한 최대 세트의 수는 **20개**입니다.

응용 문제 5

한 박스에는 72개의 사탕이 들어 있습니다. 이 사탕들을 각각 같은 수의 작은 봉지에 나누고자 합니다. 가능한 최대 봉지의 수를 소인수분해를 이용하여 구하세요.

풀이: 72의 소인수분해: 72 = $2^3 \times 3^2$

72의 약수는 1, 2, 3, 4, 6, 8, 9, 12, 18, 24, 36, 72입니다. 가능한 최대 봉지의 수는 **72개**입니다.

이제 각 문제의 풀이를 참고하여 소인수분해를 이해하는 데 도움이 되셨길 바랍니다! 다른 질문이나 도움이 필요한 부분이 있으면 언제든지 말씀해 주세요! 😊

챗GPT가 5개의 문제와 풀이 과정까지 해결해 주었습니다.

이처럼 챗GPT는 여러분이 만족할 때까지 얼마든지 문제를 만들어 수학 실력을 쌓을 수 있도록 도울 수 있으니 여러분이 마음껏 활용해 보세요.

그런데 혹시 여러분은 왜 중학교 첫 단원에 소인수분해와 최대공약수, 최소공배수 단원이 함께 있는지 눈치 챘나요?

맞아요. 소인수분해로 최대공약수와 최소공배수를 알게 되고 이를 이용해 수학 문제를 해결해 나갈 수 있기 때문입니다. 챗GPT는 친절하게도 이 3개를 한데 묶어 문제를 만들어 주고 설명합니다.

똑똑!! 기억하세요.

챗GPT에게 육하원칙에 따라 질문해 보세요. 그중 왜(Why)는 단원에 대한 궁금증을 해결하기 위해 질문하는 좋은 방법입니다.

1+1 =
Y
1+1 =
?
x+y=
H2O

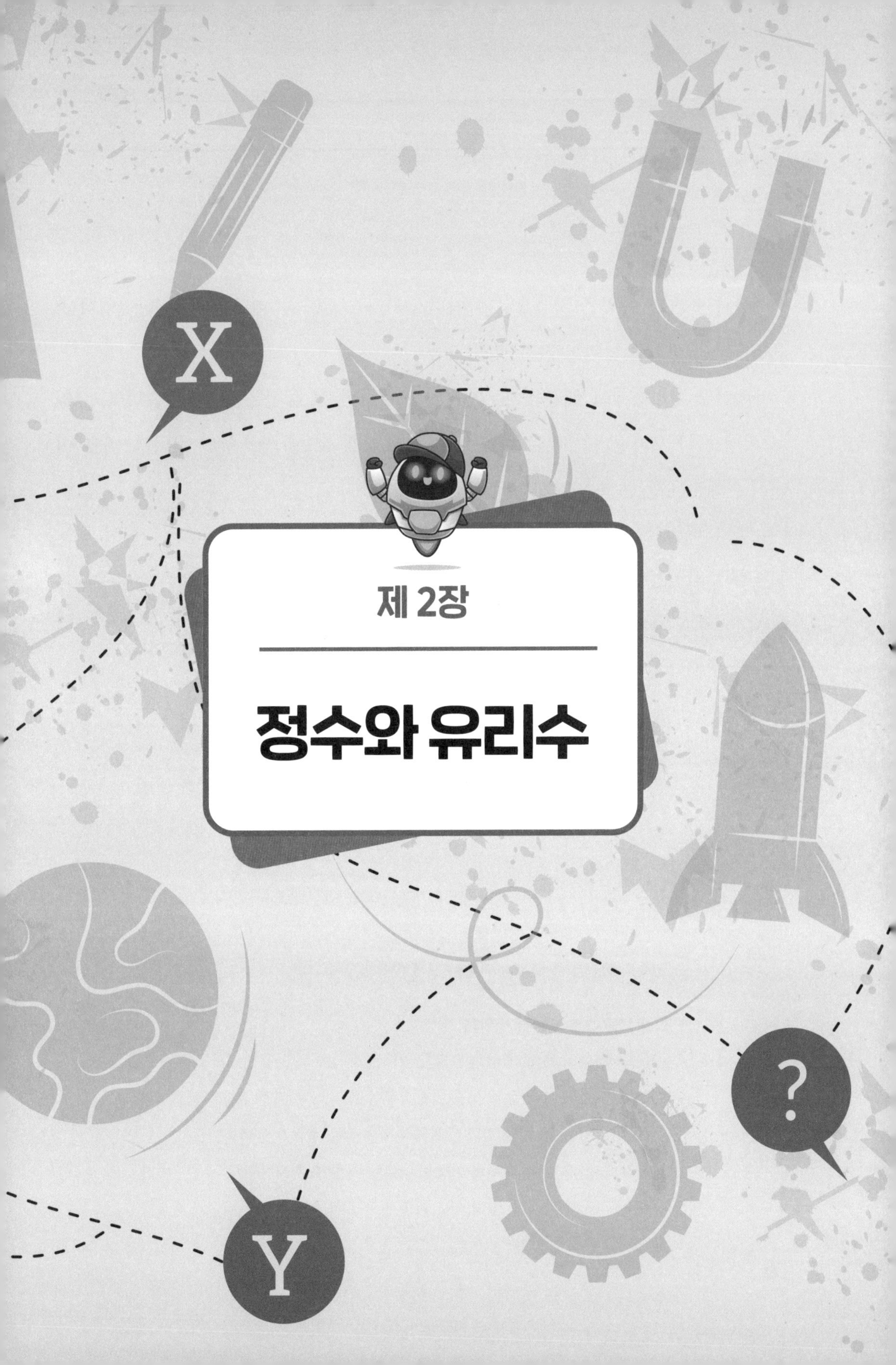

제 2장

정수와 유리수

정수와 유리수 단원은 처음으로 마이너스(-)라는 음수를 배우게 되는 단원입니다. 유리수라는 생소한 단어도 접하게 됩니다.

마켓이나 편의점에서 물건을 살 때 돈이 모자라면 그 물건은 살 수 없습니다. 그리고 이때 돈이 모자란다는 것이 바로 음수(-)라는 개념으로 생각하면 됩니다. 바로 여기서 여러분은 음수를 처음 만나게 됩니다.

수학의 새로운 단원을 배울 때 그 단원의 개념과 원리 그리고 필요성을 알기 위해서는 육하원칙으로 질문을 하라고 했던 것 기억하나요? 정수와 유리수 단원에서도 왜(Why) 정수와 유리수 단원을 배우는지 챗GPT에게 물어볼까요?

정수와 유리수 단원은 왜 배우지요?

정수와 유리수는 우리 생활 곳곳에서 활용되는 아주 중요한 수 개념입니다.
왜 배우는지 궁금하시죠?

정수와 유리수를 배우는 이유는 크게 다음과 같습니다.

1. 세상을 수로 표현하기 위해

- **온도:** 영하의 온도, 영상의 온도를 나타낼 때 정수를 사용합니다.
- **높이:** 해수면 아래 깊이, 고층 건물의 층수를 나타낼 때 정수를 사용합니다.
- **돈:** 이익과 손실, 은행 계좌 잔액을 나타낼 때 정수를 사용합니다.
- **시간:** 시간의 앞뒤, 과거와 미래를 나타낼 때 정수를 사용합니다.
- **분수:** 피자를 나눠 먹을 때, 레시피를 볼 때 유리수를 사용합니다.

2. 더 복잡한 수학을 배우기 위한 기초 다지기

- **방정식:** 정수와 유리수를 이용하여 방정식을 풀 수 있습니다.
- **함수:** 정수와 유리수를 좌표에 나타내어 함수 그래프를 그릴 수 있습니다.
- **도형:** 도형의 넓이, 부피를 구할 때 유리수를 사용합니다.

3. 논리적 사고력 기르기

- **수의 크기 비교:** 정수와 유리수의 크기를 비교하며 수 감각을 키울 수 있습니다.
- **수의 연산:** 정수와 유리수의 사칙연산을 통해 논리적인 사고력을 기를 수 있습니다.

결론적으로, 정수와 유리수는 우리 생활과 밀접하게 관련되어 있으며, 더 나아가 수학을 공부하는 데 필수적인 기초 개념입니다.

정수와 유리수를 배우면 다음과 같은 능력을 키울 수 있습니다.

- **수를 정확하게 이해하고 활용하는 능력**
- **문제 해결 능력**
- **논리적인 사고력**

정수와 유리수, 어렵게만 생각하지 마세요!
꾸준히 공부하다 보면 어느새 자연스럽게 활용할 수 있게 될 거예요.

혹시 정수와 유리수에 대해 더 궁금한 점이 있다면 언제든지 물어보세요!

정수와 유리수 단원을 왜 배우는지에 관한 챗GPT의 답변이 나왔습니다. 그런데 정수와 유리수에 대한 용어의 의미가 구체적이지가 않습니다. 정수는 무엇이고 유리수는 무엇일까요? 우선 정수부터 알아보았습니다.

정수는 무엇인가요?

정수는 소수점 없이 표현할 수 있는 수로, 음의 정수, 0, 그리고 양의 정수를 모두 포함합니다. 예를 들어, -5, 0, 7 등이 정수에 해당합니다. 정수는 수학에서 중요한 역할을 하며, 여러 가지 연산과 개념의 기초가 됩니다.

정수의 종류

- 양의 정수: 1, 2, 3, 4, 5, ... 와 같이 0보다 큰 정수를 말합니다.
- 음의 정수: -1, -2, -3, -4, -5, ... 와 같이 0보다 작은 정수를 말합니다.
- 0: 양의 정수와 음의 정수 사이에 위치하는 숫자입니다.

정수의 주요 특징

- **교환 법칙**: 두 정수의 순서를 바꿔서 더하거나 곱해도 결과는 같습니다. 예를 들어, 3 + 5 = 5 + 3 또는 4 × 7 = 7 × 4.
- **결합 법칙**: 세 정수를 더하거나 곱할 때, 순서를 어떻게 하든 결과는 같습니다. 예를 들어, (2 + 3) + 4 = 2 + (3 + 4) 또는 (2 × 3) × 4 = 2 × (3 × 4).
- **분배 법칙**: 곱셈은 덧셈에 대해 분배됩니다. 예를 들어, 2 × (3 + 4) = (2 × 3) + (2 × 4) = 2 × 3 + 2 × 4.

정수의 활용 정수는 다양한 분야에서 활용됩니다:

- **일상 생활**: 사람의 수를 세거나, 온도를 나타내거나, 계단의 층수를 표시하는 등 다양한 상황에서 사용됩니다.
- **회계 및 금융**: 손익 계산, 재무 보고서 작성 등에서 정수를 사용하여 정확한 데이터를 제공합니다.
- **컴퓨터 과학**: 알고리즘 및 데이터 구조에서 정수는 기본적인 데이터 타입으로 사용됩니다.
- **수학과 과학**: 수학적 증명, 물리학 공식 등에서 정수가 중요한 역할을 합니다.

정수는 이러한 특성들을 통해 수학적 연산에서 중요한 역할을 하며, 다양한 분야에서 유용하게 사용됩니다. 더 알고 싶은 것이나 다른 궁금한 점이 있으면 언제든지 말씀해 주세요! 😊

정수란 양수와 음수 0을 포함하는 수의 집합으로 정의했습니다. 양의 정수는 우리가 자주 사용하는 자연수입니다. 0은 물론 이미 알고 있는 수고요. 음수는 마이너스가 붙는 수입니다.

그리고 정수의 특성에 대해서도 알려줍니다. 정수가 수학에서 매우 중요할 뿐만 아니라 과학에서도 중요한 역할을 한다고 미리 알려 주고 있네요.

단원명이 정수와 유리수이기 때문에 유리수도 함께 챗GPT에게 질문해 보겠습니다.

유리수는 무엇인가요?

유리수는 정수와 분수의 모든 수를 포함하는 수의 집합입니다. 유리수는 두 정수 a와 b (단, $b \neq 0$)의 비율로 나타낼 수 있으며, 분수의 형태로 표현됩니다.

유리수의 특징:

- **분수 형태로 표현 가능**: 유리수는 두 정수의 비율로 나타낼 수 있습니다. 예를 들어, $\frac{3}{4}$나 $-\frac{5}{2}$ 등이 유리수입니다.
- **소수로 표현 가능**: 유리수는 유한 소수 또는 무한히 반복되는 소수로 나타낼 수 있습니다. 예를 들어, 0.75 ($\frac{3}{4}$)나 0.666... ($\frac{2}{3}$) 등이 있습니다.

유리수의 분류:

- **음의 유리수**: 음수로 나타나는 유리수입니다. 예를 들어, $-\frac{1}{2}$, -3 등이 있습니다.
- **0 (중립적인 수)**: 음수도 양수도 아닌 수입니다.
- **양의 유리수**: 양수로 나타나는 유리수입니다. 예를 들어, $\frac{1}{2}$, 3 등이 있습니다.

유리수의 계산법칙:

1. **교환법칙**:
   - **덧셈**: $a + b = b + a$
   - **곱셈**: $a \times b = b \times a$
   - 예: $\frac{3}{4} + \left(-\frac{2}{3}\right) = \left(-\frac{2}{3}\right) + \frac{3}{4}$, $\frac{3}{4} \times \left(-\frac{2}{3}\right) = \left(-\frac{2}{3}\right) \times \frac{3}{4}$
2. **결합법칙**:
   - **덧셈**: $(a + b) + c = a + (b + c)$
   - **곱셈**: $(a \times b) \times c = a \times (b \times c)$
   - 예: $\left(\frac{3}{4} + \left(-\frac{2}{3}\right)\right) + \frac{1}{2} = \frac{3}{4} + \left(\left(-\frac{2}{3}\right) + \frac{1}{2}\right)$,
     $\left(\frac{3}{4} \times \left(-\frac{2}{3}\right)\right) \times \frac{1}{2} = \frac{3}{4} \times \left(\left(-\frac{2}{3}\right) \times \frac{1}{2}\right)$
3. **덧셈에 대한 곱셈의 분배법칙**:
   - $a \times (b + c) = (a \times b) + (a \times c)$
   - 예: $\frac{3}{4} \times \left\{2 + \left(-\frac{2}{3}\right)\right\} = \left(\frac{3}{4} \times 2\right) + \left(\frac{3}{4} \times \left(-\frac{2}{3}\right)\right)$

이와 같은 특징과 예시를 통해 유리수의 다양한 계산법칙을 이해할 수 있습니다. 필요하신 내용이 더 있으시면 언제든지 알려주세요!

유리수는 우리가 생각하는 분수를 먼저 떠올리면 됩니다. 분수의 형태로 나타낼 수 있는 수이며, 이때 반드시 기억할 것은 유리수는 익숙한 양의 유리수 말고도 음의 유리수와 0이 있다는 것입니다.

정수와 유리수에 대한 개념을 알았으니 챗GPT에게 기본 문제를 생성해달라고 부탁해서 풀어보는 것도 좋겠지요? 수학은 문제를 많이 풀어볼수록 좋은데 챗GPT는 얼마든지 문제를 만들어 줄 수 있으니 언제든지 이용해 보세요.

그리고 수학은 눈으로만 풀면 틀리는 경우가 많으니 직접 계산하여 확인하는 것을 습관처럼 만드는 것이 필요합니다.

정수의 계산 문제 만들어 주세요.

물론입니다! 정수를 다루는 계산 문제들을 만들어 보았습니다. 각 문제를 풀어보고 필요한 부분이 있으면 언제든지 말씀해 주세요!

덧셈과 뺄셈 문제

1. $15+(-7)$
2. $-8+13$
3. $-10-(-4)$
4. $20-25$
5. $-5+(-9)$

곱셈과 나눗셈 문제

1. $6\times(-3)$
2. $-4\times(-5)$
3. $9\div(-3)$
4. $-12\div 4$
5. $(-7)\times 8$

혼합 문제

1. $10-(-2)\times 3$
2. $(-8)+5\times 2$
3. $4\times(-3)+7$
4. $(-6)\div 2-5$
5. $15+(-4)\times(-2)$

이 문제들을 풀어보시고 궁금한 점이나 도움이 필요한 부분이 있으면 언제든지 말씀해 주세요! 😊

풀이도 챗GPT에게 요청하겠습니다.

풀어 주세요

물론입니다! 각 문제를 풀어보겠습니다.

덧셈과 뺄셈 문제 풀이

1. $15+(-7)=15-7=8$
2. $-8+13=5$
3. $-10-(-4)=-10+4=-6$
4. $20-25=-5$
5. $-5+(-9)=-5-9=-14$

곱셈과 나눗셈 문제 풀이

1. $6\times(-3)=-18$
2. $-4\times(-5)=20$
3. $9\div(-3)=-3$
4. $-12\div 4=-3$
5. $(-7)\times 8=-56$

혼합 문제 풀이

1. $10-(-2)\times 3=10+6=16$
2. $(-8)+5\times 2=-8+10=2$
3. $4\times(-3)+7=-12+7=-5$
4. $(-6)\div 2-5=-3-5=-8$
5. $15+(-4)\times(-2)=15+8=23$

이제 각 문제의 풀이를 통해 정수 계산을 이해하는 데 도움이 되셨길 바랍니다! 다른 질문이나 추가적으로 도움이 필요한 부분이 있으면 언제든지 말씀해 주세요! 😊

여러분이 정수의 계산 문제를 처음 풀어본다면 어렵게 느껴질 수 있습니다. 만약 정수의 나눗셈 계산이 잘 안 되면 '정수의 나눗셈 문제를 더 만들어 주세요'라고 요청해서 익숙해지도록 풀어 보세요.

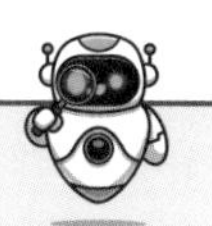

이번에는 유리수 문제를 챗GPT에게 만들어 달라고 했습니다.

유리수의 계산 문제를 만들어 주세요.

알겠습니다! 유리수의 계산 문제를 덧셈과 뺄셈 문제, 곱셈과 나눗셈 문제, 그리고 혼합 문제로 각각 5문제씩 준비했습니다.

덧셈과 뺄셈 문제:

1. $\frac{2}{3}+\left(-\frac{1}{4}\right)$
2. $\frac{5}{8}-\left(-\frac{1}{5}\right)$
3. $\left(-\frac{3}{7}\right)+\frac{2}{9}$
4. $\frac{4}{5}-\left(-\frac{3}{10}\right)$
5. $\left(-\frac{6}{11}\right)+\frac{1}{6}$

곱셈과 나눗셈 문제:

1. $\frac{2}{3}\times\left(-\frac{4}{5}\right)$
2. $\left(-\frac{3}{4}\right)\div\frac{2}{5}$
3. $\frac{5}{7}\times\left(-\frac{2}{9}\right)$
4. $\left(-\frac{6}{8}\right)\div\frac{3}{5}$
5. $\frac{7}{10}\times\left(-\frac{1}{3}\right)$

혼합 문제:

1. $\frac{3}{4}+\left(-\frac{2}{5}\times\frac{1}{6}\right)$
2. $\left(-\frac{5}{9}\right)+\frac{2}{3}\div\frac{3}{7}$
3. $\frac{4}{5}-\left(-\frac{1}{3}\right)+\frac{1}{2}$
4. $\frac{7}{8}\div\left(-\frac{2}{5}\right)-\frac{1}{6}$
5. $\left(-\frac{3}{7}\times\frac{4}{5}\right)+\frac{2}{9}$

이 문제들을 통해 유리수의 계산 방법을 연습해 보세요! 추가로 궁금한 점이 있거나 도움이 필요하시면 언제든지 말씀해 주세요. 😊

유리수를 처음 배운다면 익숙하지 않아 많은 학생들이 틀리는 부분입니다. 그래서 틀린 부분을 체크할 수 있도록 풀이 과정과 비교하는 것도 중요합니다.

풀어 주세요.

알겠습니다! 모든 문제를 다시 자세히 풀어드릴게요.

덧셈과 뺄셈 문제:

1. $\frac{2}{3}+\left(-\frac{1}{4}\right)$

$$=\frac{2}{3}-\frac{1}{4}=\frac{8}{12}-\frac{3}{12}=\frac{5}{12}$$

2. $\frac{5}{8}-\left(-\frac{1}{5}\right)$

$$=\frac{5}{8}+\frac{1}{5}=\frac{25}{40}+\frac{8}{40}=\frac{33}{40}$$

3. $\left(-\frac{3}{7}\right)+\frac{2}{9}$

$$=-\frac{3}{7}+\frac{2}{9}=-\frac{27}{63}+\frac{14}{63}=-\frac{13}{63}$$

4. $\frac{4}{5}-\left(-\frac{3}{10}\right)$

$$=\frac{4}{5}+\frac{3}{10}=\frac{8}{10}+\frac{3}{10}=\frac{11}{10}$$

5. $\left(-\frac{6}{11}\right)+\frac{1}{6}$

$$=-\frac{6}{11}+\frac{1}{6}=-\frac{36}{66}+\frac{11}{66}=-\frac{25}{66}$$

곱셈과 나눗셈 문제:

1. $\frac{2}{3}\times\left(-\frac{4}{5}\right)$

$$=-\frac{8}{15}$$

2. $\left(-\frac{3}{4}\right) \div \frac{2}{5}$

$$= \left(-\frac{3}{4}\right) \times \frac{5}{2} = -\frac{15}{8}$$

3. $\frac{5}{7} \times \left(-\frac{2}{9}\right)$

$$= -\frac{10}{63}$$

4. $\left(-\frac{6}{8}\right) \div \frac{3}{5}$

$$= \left(-\frac{6}{8}\right) \times \frac{5}{3} = -\frac{30}{24} = -\frac{5}{4}$$

5. $\frac{7}{10} \times \left(-\frac{1}{3}\right)$

$$= -\frac{7}{30}$$

혼합 문제:

1. $\frac{3}{4} + \left(-\frac{2}{5} \times \frac{1}{6}\right)$

$$= \frac{3}{4} + \left(-\frac{2}{30}\right) = \frac{3}{4} - \frac{1}{15} = \frac{45}{60} - \frac{4}{60} = \frac{41}{60}$$

2. $\left(-\frac{5}{9}\right) + \frac{2}{3} \div \frac{3}{7}$

$$= \left(-\frac{5}{9}\right) + \frac{2}{3} \times \frac{7}{3} = \left(-\frac{5}{9}\right) + \frac{14}{9} = \frac{9}{9} = 1$$

3. $\frac{4}{5} - \left(-\frac{1}{3}\right) + \frac{1}{2}$

$$= \frac{4}{5} + \frac{1}{3} + \frac{1}{2} = \frac{24}{30} + \frac{10}{30} + \frac{15}{30} = \frac{49}{30}$$

4. $\frac{7}{8} \div \left(-\frac{2}{5}\right) - \frac{1}{6}$

$$= \frac{7}{8} \times \left(-\frac{5}{2}\right) - \frac{1}{6} = -\frac{35}{16} - \frac{1}{6}$$

$$= -\frac{105}{48} - \frac{8}{48} = -\frac{113}{48}$$

5. $\left(-\frac{3}{7}\times\frac{4}{5}\right)+\frac{2}{9}$

$$=\left(-\frac{12}{35}\right)+\frac{2}{9}=-\frac{108}{315}+\frac{70}{315}=-\frac{38}{315}$$

이제 모든 문제를 다시 자세히 풀었습니다. 추가로 궁금한 점이 있거나 더 도움이 필요하면 언제든지 말씀해 주세요! 😊

풀이가 한 눈에 들어오게 쉽고 간결한 편이지요?

여기까지 해 봤다면 여러분은 챗GPT가 여러분이 학습한 것을 바로 확인하고 잘못된 부분을 고치고 새롭게 더 많은 것을 가르쳐 줄 수 있는 편리한 도구라는 것을 알았을 것입니다. 챗GPT는 여러분의 이해도에 따라 풀이과정을 더 자세히 해 줄 수도 있고 얼마든지 질문과 답을 줄 수 있으니 제대로 이해가 될 때까지 반복적으로 질문하는 것을 망설이지 마세요.

똑똑!! 기억하세요.

챗GPT에게 문제를 만들어 달라고 요청할 때는 다섯 문제 정도가 좋습니다. 풀이도 꼭 확인하세요.

1+1 =
Y
1+1 =
?
x+y=

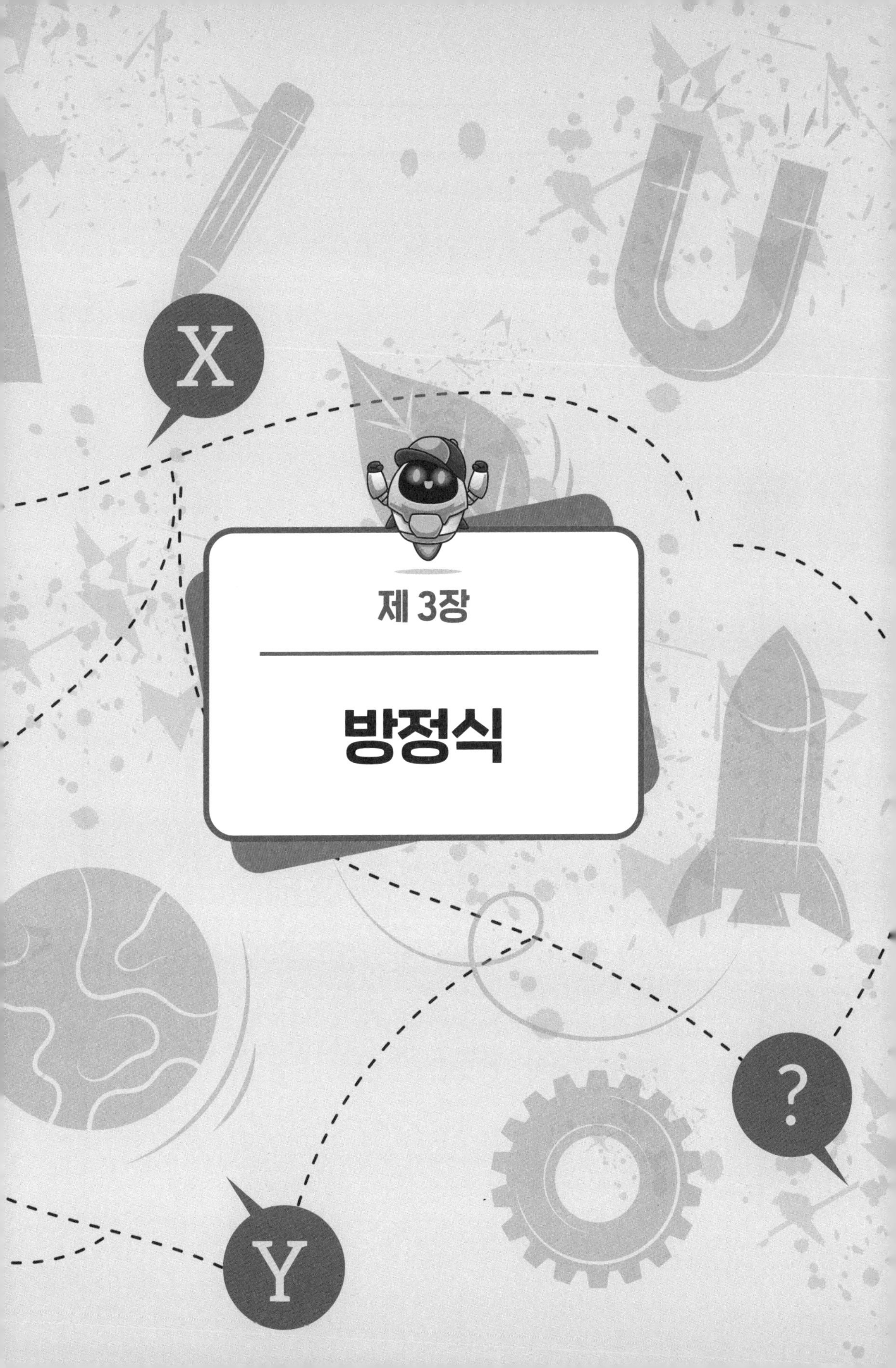

제 3장

방정식

1 방정식이란?

이번 단원이 방정식이므로 '방정식이 무엇인가?'에 대해 챗GTP에게 질문해 보겠습니다.

방정식은 무엇인가요?

방정식은 수학에서 **미지수**를 포함하는 **등식**을 말합니다. 쉽게 말해, 알아내야 할 숫자(미지수)를 포함하고 있는 식에서 양쪽이 같다고 나타낸 것이죠.

예를 들어,

- $x + 3 = 7$
- $2y - 5 = 1$
- $x^2 + 2x - 3 = 0$

위의 식들은 모두 방정식입니다. 여기서 x와 y는 미지수이며, 우리는 이 미지수의 값을 구하는 것을 목표로 합니다.

방정식의 구성 요소

- **미지수:** 값을 알 수 없는 문자 (x, y, z 등)
- **계수:** 미지수 앞에 곱해지는 숫자 (예: x 앞의 1, 2y 앞의 2)
- **상수:** 미지수와 곱해지지 않는 숫자 (예: 3, -5, -3)
- **등호:** 양쪽이 같다는 것을 나타내는 기호 (=)

방정식을 푸는 이유

방정식을 푸는 것은 마치 퍼즐을 맞추는 것과 같습니다. 주어진 정보를 이용하여 미지수의 값을 찾아내는 것이죠. 방정식을 풀면, 우리는 다양한 문제를 해결할 수 있습니다.

방정식의 종류

방정식은 미지수의 개수, 차수, 포함된 함수 등에 따라 다양한 종류로 나눌 수 있습니다.

- **일차 방정식:** 미지수의 최고차수가 1인 방정식
- **이차 방정식:** 미지수의 최고차수가 2인 방정식
- **고차 방정식:** 미지수의 최고차수가 3 이상인 방정식
- **연립 방정식:** 여러 개의 방정식을 동시에 푸는 문제

더 알아보고 싶다면?

- **일차 방정식 풀이:** 이항, 분배법칙 등을 이용하여 미지수를 한쪽으로 모으고, 상수를 다른 한쪽으로 모아서 해를 구합니다.
- **이차 방정식 풀이:** 인수분해, 근의 공식 등을 이용하여 해를 구합니다.
- **고차 방정식 풀이:** 일반적으로 복잡하며, 근의 공식과 같은 간단한 방법으로 해를 구하기 어렵습니다.
- **연립 방정식 풀이:** 대입법, 가감법 등을 이용하여 해를 구합니다.

궁금한 점이 있다면 언제든지 질문해주세요!

- **예를 들어,** "일차 방정식을 푸는 방법을 알려주세요." 또는 "연립방정식이 뭔가요?" 라고 물어볼 수 있습니다.

다음에 어떤 내용을 알고 싶으신가요?

방정식에 대한 챗GPT의 답변을 알 수 있습니다. 만약 방정식에 대해 처음부터 잘 알고 싶다면 더 자세히 질문해도 됩니다.

'초등학생이 이해하기 쉽도록 방정식에 대해 설명해 주세요.' 등과 같이 구체적으로 나이와 무엇을 원하는지 질문하는 것이 좋은 방법이겠죠?

방정식의 미지수 x는 변수라고도 합니다. 두 개의 명칭이 같은 것이니 기억하세요. 그리고 방정식의 변수는 x 말고도 y나 z도 있습니다.

어찌 보면 수많은 알파벳이 변수인데, 일차방정식에서는 보통 x를 많이 사용합니다.

y를 미지수로 사용하여 문제를 물어 볼 수도 있습니다.

방정식 단원에 들어서면 문자식이라는 중단원을 만나게 됩니다. 문자식이 방정식의 기본 단계이자 시작이기 때문이죠. 그래서 방정식에서 문자식이 무엇인지 기본 개념을 알 필요가 있습니다. 챗GPT에게 질문해 보겠습니다.

문자식은 무엇인가요?

문자식이란, **문자**를 사용하여 수량 사이의 관계를 나타낸 **식**을 말합니다.

왜 문자식을 사용할까요?

- **일반적인 표현:** 특정한 수 대신 문자를 사용하면 어떤 수든 대입하여 계산할 수 있기 때문에 더욱 일반적인 표현이 가능합니다.
- **간결한 표현:** 복잡한 수량 관계를 간단하게 표현할 수 있습니다.
- **미지수 표현:** 아직 알 수 없는 값을 문자로 나타내어 문제를 해결하는 데 사용합니다.

문자식의 예시

- **나이의 표현:**
  - 지수의 나이를 x라고 하면, 3년 후 지수의 나이는 x+3으로 나타낼 수 있습니다.
- **도형의 둘레:**
  - 한 변의 길이가 a인 정사각형의 둘레는 4a로 나타낼 수 있습니다.
- **물건의 가격:**
  - 한 개에 x원 하는 사과 5개의 가격은 5x원으로 나타낼 수 있습니다.

문자식의 구성 요소

- **문자:** 수를 대신하는 기호 (예: x, y, a, b)
- **수:** 숫자 (예: 1, 2, 3, ...)
- **연산 기호:** 덧셈(+), 뺄셈(-), 곱셈(× 또는 생략), 나눗셈(÷ 또는 분수꼴), 거듭제곱 등

문자식의 종류

- **단항식:** 하나의 항으로 이루어진 식 (예: 3x, $-2y^2$, 5ab)
- **다항식:** 두 개 이상의 항으로 이루어진 식 (예: 2x+3y-5, x^2-4x+7)

왜 문자식을 배우나요?

문자식은 수학의 기본적인 개념으로, 방정식, 함수, 도형 등 다양한 분야에서 활용됩니다. 문자식을 통해 우리는 복잡한 문제를 간단하게 표현하고 해결할 수 있는 능력을 키울 수 있습니다.

더 궁금한 점이 있다면 언제든지 질문해주세요!

- **예시 질문:**
  - 문자식에서 문자는 어떤 의미를 가지나요?
  - 단항식과 다항식의 차이점은 무엇인가요?
  - 문자식을 이용하여 문제를 해결하는 방법을 알려주세요.

다음에는 문자식의 계산에 대해 좀 더 자세히 알아볼까요?

문자식의 개념부터 예제까지 챗GPT가 답변해 주었습니다. 만약 위의 설명이 쉽게 이해가 되면 좋지만 여러 번 읽어봐도 이해하기 어려울 수도 있습니다.

이해가 잘 안 가면 문자식에 사용되는 용어 하나하나를 챗GPT에게 질문해 보세요. 문자식의 종류에서 단항식이라는 용어가 보입니다.

단항식이 무엇인지 잘 모르겠다구요? 그러면 단항식부터 하나씩 챗GPT에게 질문하면 됩니다.

단항식은 무엇인가요?

단항식(單項式, Monomial)은 단일 항으로 구성된 다항식을 의미해요. 단항식은 숫자와 변수, 그리고 이 변수의 지수의 곱으로 나타낼 수 있습니다. 예를 들면 다음과 같은 식들이 단항식이에요:

- 5
- $3x$
- $-2x^2$
- $4ab^3$

이러한 식들은 각각 하나의 항만을 포함하고 있기 때문에 단항식으로 불려요. 반면에 두 개 이상의 항을 포함하는 식은 다항식(Polynomial)이라고 부릅니다.

이렇게 질문에 대해 챗GPT는 척척 대답해 줍니다. 그래서 문자식을 알고 방정식을 접하면 이해가 더 쉽게 될 것입니다.

중학교 수학은 정의와 개념이 매우 중요합니다. 귀찮다고 생각하는 개념 질문이 많을 수 있겠지만 단순히 계산만 잘 하는 것보다 개념을 정확히 이해하고 문제를 풀어나가는 것이 더욱 중요합니다. 따라서 이해하기 어렵거나 궁금한 용어는 챗GPT에게 바로바로 질문해서 자기만의 것으로 만드는 습관을 키우는 것은 정말 좋은 학습 방법임을 기억하세요.

방정식은 수학과 과학 등에서 매우 중요한 수학 분야이기 때문에 여러분도 들어본 적은 있을 거예요. 하지만 내용은 전혀 모르기 때문에 처음부터 정확하게 원리와 개념 등을 알아두면 수학을 잘 하는 데 큰 도움이 될 것입니다.

이제 챗GPT와 함께 방정식에 대해 좀 더 알아볼까요?

중학교 1학년생이 방정식에서 어려워 하는 부분을 알려주세요.

중학교 1학년생이 방정식을 처음 배우면서 어려워할 수 있는 부분은 여러 가지가 있어요. 대표적으로는 다음과 같은 부분들이 있답니다:

1. **변수 이해**: 변수는 숫자를 대신하는 문자로, 이 개념이 처음에는 다소 낯설게 느껴질 수 있어요. 특히 'x'나 'y'가 숫자 대신 사용된다는 점을 이해하기 어려워할 수 있어요.
2. **등식의 성질**: 등식의 양변에 같은 수를 더하거나 빼는 것, 곱하거나 나누는 것에 대한 이해가 필요해요. 이 개념을 제대로 이해하지 못하면 방정식을 풀 때 혼란을 겪게 돼요.
3. **항의 이동**: 방정식에서 항을 한쪽으로 이동시키는 과정이 어려울 수 있어요. 특히 부호가 바뀌는 부분(양수를 음수로, 음수를 양수로 바꾸는 것)에서 실수를 하기 쉽답니다.
4. **문제 해석**: 문제를 읽고 이를 방정식으로 바꾸는 과정이 처음에는 쉽지 않을 수 있어요. 특히 단어 문제를 수학적 표현으로 바꾸는 것이 난해하게 느껴질 수 있어요.

이러한 어려움들을 극복하기 위해서는 꾸준한 연습과 다양한 예제 문제를 풀어보는 것이 중요해요. 이해가 되지 않는 부분이 있으면 선생님이나 친구, 또는 저에게 언제든지 물어보세요! 😊

위와 같은 질문은 만약 수학이 어렵다고 느껴지거나 새롭게 배우는 단원에서 이해가 안 가는 부분을 만날 때마다 활용할 수 있는 좋은 질문이 될 수 있습니다. 어쩌면 나만 이 부분이 어려운 것이 아니구나라는 생각과 다른 사람들의 경험을 보며 할 수 있다는 자신감이 생기지 않을까요?

방정식에서 문자식에 대해 학습을 하였다면 기본핵심 개념인 방정식과 등식, 항등식의 차이를 아는 것이 중요합니다.

방정식과 등식,항등식의 차이점을 알려주세요.

✦ 방정식, 등식, 항등식의 차이점

등식: 가장 기본적인 개념

- **두 수나 식이 서로 같음을 나타내는 식**입니다.
- **등호(=)를 사용하여 연결**된 모든 식이 등식에 해당합니다.
- **예시:** 2 + 3 = 5, x + 2 = 7

방정식: 미지수를 찾는 문제

- **미지수(모르는 수)를 포함하고 있으며, 특정한 값을 대입했을 때만 참이 되는 등식**입니다.
- **문제를 풀어서 미지수의 값을 찾아야 하는 식**이라고 할 수 있습니다.
- **예시:** 2x + 3 = 7 (x에 어떤 값을 넣어야 등식이 성립할까요?)

항등식: 항상 참인 식

- **미지수에 어떤 값을 넣어도 항상 참이 되는 등식**입니다.
- **좌변과 우변이 항상 같은 식**이라고 할 수 있습니다.
- **예시:** x + x = 2x (x에 어떤 수를 넣어도 항상 성립합니다.)

간단히 정리하면,

- **등식:** 모든 등식의 기본
- **방정식:** 미지수를 구해야 하는 등식

- **항등식:** 항상 참인 등식

좀 더 자세히 알아볼까요?

구분	방정식	항등식
미지수	특정 값을 가질 때만 참	어떤 값을 넣어도 참
좌변과 우변	다를 수 있음	항상 같음
해	유한 개 존재	무한 개 존재 (모든 실수)

Sheets로 내보내기

예시를 통해 더욱 명확하게 이해해 봅시다.

- **방정식:** 2x + 5 = 11 (x = 3일 때만 성립)
- **항등식:** (x + 2)(x - 2) = x^2 - 4 (x에 어떤 수를 넣어도 항상 성립)

왜 항등식을 배우나요?

항등식은 수학에서 매우 중요한 개념입니다. 식을 변형하거나 방정식을 풀 때 항등식의 성질을 이용하기 때문입니다.

예를 들어,

- 식을 간단하게 만들거나 다른 형태로 바꿀 때 항등식의 성질을 이용합니다.
- 방정식을 풀 때 양변에 같은 수를 더하거나 빼는 등의 변형을 하는데, 이러한 변형이 항등식이 성립하도록 이루어져야 합니다.

결론적으로,

방정식, 등식, 항등식은 수학에서 매우 기본적인 개념입니다. 이 개념들을 정확하게 이해하면 수학 문제를 해결하는 데 큰 도움이 될 것입니다.

더 궁금한 점이 있다면 언제든지 질문해주세요!

챗GPT가 설명했듯이 방정식과 등식, 항등식의 3가지의 개념 차이를 이해하는 것은 중요하기 때문에 꼭 기억해 두세요.

이제부터는 본격적으로 방정식의 풀이 방법에 대해 알아보겠습니다. 일차방정식이 가장 차수가 낮은 방정식이며 기본적인 것이니 일차방정식의 풀이 방법에 대해 챗GPT에게 질문하겠습니다.

일차방정식의 풀이 방법을 설명해 주세요.

일차방정식을 푸는 방법은 비교적 간단해요. 다음의 단계를 따르면 됩니다:

1. 방정식을 단순화합니다.

방정식의 양변에 있는 항들을 정리합니다. 필요하다면 괄호를 제거하고, 같은 변수끼리 묶어주는 것이 좋습니다.

2. 변수 항을 한쪽으로 모읍니다.

방정식의 양변에 동일한 값을 더하거나 빼서 변수 항을 한쪽으로 모읍니다. 예를 들어:

$$3x + 2 = 11$$

이 방정식에서 2를 우변으로 이동시키면:

$$3x = 11 - 2$$

$$3x = 9$$

3. 변수의 계수를 1로 만듭니다.

변수의 계수가 1이 되도록 방정식의 양변을 나눕니다. 위의 예에서는 x의 계수가 3이므로 양변을 3으로 나눕니다:

$$x = \frac{9}{3}$$

$$x = 3$$

따라서, $x = 3$가 이 일차방정식의 해가 됩니다.

예제

다른 예제를 하나 더 볼게요:

$$5x - 4 = 16$$

1. 방정식을 단순화합니다:

$$5x - 4 = 16$$

2. 변수 항을 한쪽으로 모읍니다:

$$5x = 16 + 4$$

$$5x = 20$$

3. 변수의 계수를 1로 만듭니다:

$$x = \frac{20}{5}$$

$$x = 4$$

따라서, $x = 4$가 이 일차방정식의 해가 됩니다.

이해가 되셨길 바라요! 더 궁금한 점이 있으면 언제든지 물어보세요. 😊

더 자세한 일차방정식의 풀이 방법을 알고 싶다면 챗GPT에게 다음과 같이 질문해도 좋을 것입니다.

일차방정식의 풀이방법을 단계별로 자세히 설명해 주세요.

✦ 일차방정식 풀이 단계별 가이드

일차방정식은 미지수(보통 x로 표현)가 한 번만 등장하는 간단한 방정식입니다. 풀이 과정은 크게 세 단계로 나눌 수 있습니다.

1단계: 이항 (移項)

- **미지수를 포함한 항을 좌변으로, 상수항을 우변으로 모읍니다.**
- 이항할 때는 부호가 반대가 된다는 것을 기억하세요.
  - **예시:** $3x + 5 = 2x - 1$
    - $3x - 2x = -1 - 5$

2단계: 동류항 정리

- **같은 종류의 항끼리 계산합니다.**
  - 미지수를 포함한 항끼리, 상수항끼리 더하거나 뺍니다.
  - **예시:** $x = -6$
  - **더 자세한 예시:**
    - $5x + 2x - 3 = 10$
      - $(5x + 2x) - 3 = 10$ // x 항끼리 묶기
      - $7x - 3 = 10$

3단계: 양변을 같은 수로 나누기

- **미지수의 계수를 1로 만들기 위해 양변을 미지수의 계수로 나눕니다.**
  - **예시:** $7x = 13$
    - $x = 13/7$
  - **더 자세한 예시:**
    - $-2x = 10$
      - $x = 10 / (-2)$
      - $x = -5$

다양한 유형의 문제와 풀이 과정

- **괄호가 있는 경우:**
  - $2(x + 3) = 5x - 1$
    - $2x + 6 = 5x - 1$ // 괄호를 먼저 풀고
    - $2x - 5x = -1 - 6$
    - $-3x = -7$
    - $x = 7/3$
- **분수가 포함된 경우:**
  - $x/2 + 1/3 = 5/6$
    - $(3x + 2) / 6 = 5/6$ // 분모의 최소공배수인 6을 곱하여 분모를 없앰
    - $3x + 2 = 5$

- 3x = 3
- x = 1

- **소수가 포함된 경우:**
  - 0.5x + 1.2 = 2.7
    - 5x + 12 = 27 // 양변에 10을 곱하여 소수점을 없앰
    - 5x = 15
    - x = 3

일차방정식 풀이 시 주의할 점:

- **양변에 같은 수를 더하거나 빼도 등식은 성립합니다.**
- **양변에 같은 수를 곱하거나 나누어도 등식은 성립합니다.** 단, 0으로 나누는 것은 허용되지 않습니다.
- **이항할 때 부호를 반드시 바꿔주어야 합니다.**

다양한 문제를 풀면서 연습하는 것이 중요합니다.

- **문제를 천천히 읽고, 식을 정확하게 세우는 것이 중요합니다.**
- **각 단계를 차근차근 따라가면서 풀이 과정을 정리해 보세요.**
- **계산 실수를 줄이기 위해 집중해서 문제를 풀어야 합니다.**
- **다양한 유형의 문제를 많이 풀어보면서 실력을 키우세요.**

궁금한 점이 있다면 언제든지 질문해주세요.

- **특정 유형의 문제:** 분수, 소수, 괄호가 포함된 문제 등
- **개념 정리:** 이항, 동류항, 계수 등에 대한 개념
- **일차방정식의 활용:** 일상생활에서 일차방정식이 어떻게 사용되는지

예를 들어, 다음과 같은 질문을 할 수 있습니다.

- "분수가 포함된 일차방정식을 푸는 방법을 알려주세요."
- "이항할 때 왜 부호가 바뀌나요?"
- "일차방정식을 이용해서 나이의 합을 구하는 문제를 풀 수 있을까요?"

친절하게 답변해 드리겠습니다!

설명이 더 자세해졌죠? 나만의 개인 선생님인 챗GPT에게 질문하는 것을 즐겨야 한답니다. 챗GPT에게 질문할수록 여러분은 더 제대로 질문하는 방법을 알게 될 것이

며 더 좋은 선생님을 찾게 될 것이기 때문입니다.

계속해서 다음은 일차방정식의 다양한 문제에 대해 제대로 풀어보았는지 검토하는 것입니다. 이를 확인하기 위해 다음과 같이 직접 그 문제의 식을 입력해도 됩니다.

예를 들어 $2x$-9=7을 여러분이 풀어보았는데, 풀이 과정과 답을 확인하려면 위와 같이 직접 $2x$-9=7을 수식으로 입력하고 풀어달라고 하는 것입니다.

이제는 조금 더 어려운 문제를 챗GPT에게 풀어보도록 요청하겠습니다.

(x-1)/3 +x/2 =7을 풀어 주세요.

물론이죠! $\frac{x-1}{3}+\frac{x}{2}=7$ 방정식을 단계별로 풀어보겠습니다.

단계별 풀이 방법:

1단계: 분수를 정리합니다.

방정식의 분수를 없애기 위해 양변에 공통분모를 곱해줍니다. 여기서는 공통분모가 6이므로 양변에 6을 곱합니다.

$$6\times\left(\frac{x-1}{3}+\frac{x}{2}\right)=6\times7$$

2단계: 괄호를 풀고 방정식을 정리합니다.

$$2(x-1)+3x=42$$

$$2x-2+3x=42$$

$$5x-2=42$$

3단계: 상수 항을 한쪽으로 이동시킵니다.

상수 항을 우변으로 이동시킵니다.

$$5x=42+2$$

$$5x=44$$

4단계: 변수의 계수를 1로 만듭니다.

변수의 계수가 1이 되도록 방정식의 양변을 나눕니다. 이 경우 x의 계수가 5이므로 양변을 5로 나눕니다.

$$x = \frac{44}{5}$$

$$x = 8.8$$

따라서, $x = 8.8$이 이 방정식의 해가 됩니다.

이해가 되셨길 바라요! 더 궁금한 점이 있으면 언제든지 물어보세요. 😊

방정식의 풀이에 대한 설명과 예제를 챗GPT로 알아보았습니다.

그런데 모든 일차방정식의 해가 반드시 1개가 있으면 좋겠지만 그렇지 않은 경우가 있습니다. 해가 없거나 무수히 많은 경우입니다. 이는 특수한 해를 가지는 때입니다. 그러한 예를 챗GPT에게 질문해 보았습니다.

특수한 해를 가지는 방정식을 설명해 주세요.

일반적으로 방정식은 하나 또는 여러 개의 해를 가집니다. 하지만 특정 조건 하에서 방정식은 **해가 없거나**, 또는 **무수히 많은 해**를 가질 수도 있습니다. 이러한 경우를 **특수한 해를 가지는 방정식**이라고 합니다.

1. 해가 없는 경우

- **모든 x에 대해 성립하지 않는 등식:** 방정식을 풀다 보면 참이 아닌 명제가 나올 때가 있습니다. 예를 들어, 2x + 3 = 2x + 5와 같은 식은 아무리 x에 어떤 수를 대입해도 좌변과 우변이 같아지지 않습니다. 이런 경우 해가 존재하지 않는다고 합니다.
- **모순적인 식:** 0 = 1과 같이 항상 거짓인 식도 해가 없는 방정식의 예입니다.

2. 무수히 많은 해를 가지는 경우

- **항등식:** 어떤 수를 x에 대입하더라도 항상 성립하는 식을 항등식이라고 합니다. 예를 들어, 2x + 2x = 4x는 x에 어떤 수를 대입해도 항상 성립하므로 모든 실수가 해가 됩니다.
- **미지수가 소거되는 경우:** 방정식을 풀다 보면 미지수가 모두 소거되어 0 = 0과 같은 항등식이 되는 경우가 있습니다. 이 역시 모든 실수가 해가 되는 경우입니다.

왜 특수한 해를 가지는 경우를 공부해야 할까요?

- **방정식의 해를 완벽하게 이해하기 위해:** 모든 경우의 수를 고려하여 문제를 해결해야 합니다.
- **다양한 수학 문제 해결에 활용:** 방정식을 활용하는 다른 분야에서도 특수한 해를 가지는 경우를 고려해야 합니다.

예시:

- **해가 없는 경우:** 2x + 3 = 2x + 5
- **무수히 많은 해를 가지는 경우:** 3x + 6 = 3(x + 2)

정리:
특수한 해를 가지는 방정식은 해가 없거나, 모든 실수가 해가 되는 경우를 말합니다. 이러한 경우는 방정식의 계수나 미지수의 개수에 따라 발생하며, 수학 문제를 해결하는 데 있어 다양한 가능성을 고려해야 함을 시사합니다.

더 궁금한 점이 있다면 언제든지 질문해주세요.

- **특정 문제를 풀고 싶으신가요?**
- **특수한 해를 가지는 방정식의 응용 예시를 더 알고 싶으신가요?**
- **다른 관련 개념에 대해 알고 싶으신가요?**

다양한 질문에 성심껏 답변해 드리겠습니다.

해가 없는 방정식과 무수히 많은 해를 가지는 방정식의 두 가지 경우의 예시를 통해 간단히 설명하고 있네요. 무수히 많은 해를 갖는 경우는 항등식으로 이미 설명한 바 있습니다. 그만큼 항등식이 중요하다는 의미겠지요? 이와 같은 경우를 더 자세하게 알고 싶다면 더 많은 문제를 풀어보면 됩니다. 문제는 챗GPT가 얼마든지 만들어 줄 것입니다.

자! 이제는 일차방정식의 활용문제에 대해 알아볼까요?

일차방정식의 풀이에서 이제는 응용으로 넘어가는 중단원입니다. 활용문제를 풀기 위해 우리는 일차방정식의 풀이에 대해 지금까지 알아보았습니다.

일차방정식 활용문제의 종류는 많습니다. 그중 5가지 종류의 문제만 소개하겠습니다.

① 나이 문제 ② 속도, 거리, 시간 문제

③ 농도 문제 ④ 가격 문제

⑤ 도형 문제

가장 먼저 나이 문제를 챗GPT에게 만들어 달라고 하겠습니다.

일차방정식의 활용 문제 중 나이 문제를 만들어 주세요.

✦ 일차방정식의 활용: 나이 문제 예시 설명

일차방정식의 활용 문제 중 나이 문제는 미지수를 활용하여 현재 나이 또는 몇 년 후의 나이를 구하는 문제입니다.

문제 풀이 단계

1. **미지수 정하기:** 문제에서 구하고자 하는 나이를 x 등의 문자로 놓습니다.
2. **식 세우기:** 문제의 조건에 맞게 일차방정식을 세웁니다.
3. **방정식 풀기:** 세운 일차방정식을 풀어 미지수의 값을 구합니다.
4. **답 확인:** 구한 값이 문제의 조건에 맞는지 확인합니다.

예시 문제 1

현재 아버지의 나이는 40세이고, 아들의 나이는 10세입니다. 몇 년 후에 아버지의 나이가 아들의 나이의 두 배가 될까요?

풀이

- **미지수 정하기:** x년 후라고 가정합니다.
- **식 세우기:**
  - x년 후 아버지의 나이: 40 + x
  - x년 후 아들의 나이: 10 + x
  - 문제의 조건에 따라 식을 세우면: 40 + x = 2(10 + x)
- **방정식 풀기:**
  - 40 + x = 20 + 2x
  - x = 20
- **답 확인:** 20년 후 아버지의 나이는 60세, 아들의 나이는 30세가 되므로 조건에 맞습니다.

따라서 20년 후에 아버지의 나이가 아들의 나이의 두 배가 됩니다.

예시 문제 2

현재 어머니의 나이와 딸의 나이의 합은 50세입니다. 5년 전 어머니의 나이는 딸의 나이의 네 배였습니다. 현재 딸의 나이는 몇 살일까요?

풀이

- **미지수 정하기:** 현재 딸의 나이를 x라고 가정합니다.
- **식 세우기:**
  - 현재 어머니의 나이: 50 - x
  - 5년 전 딸의 나이: x - 5
  - 5년 전 어머니의 나이: (50 - x) - 5 = 45 - x
  - 문제의 조건에 따라 식을 세우면: 45 - x = 4(x - 5)
- **방정식 풀기:**
  - 45 - x = 4x - 20
  - 5x = 65
  - x = 13
- **답 확인:** 현재 딸의 나이가 13세이므로 어머니의 나이는 37세가 되고, 5년 전에는 딸이 8세, 어머니가 32세였으므로 조건에 맞습니다.

따라서 현재 딸의 나이는 13살입니다.

나이 문제 풀이 시 주의할 점

- **문제에서 주어진 조건을 정확히 파악**하여 식을 세워야 합니다.
- **미지수를 잘 설정**하고, **각 나이의 변화**를 식에 정확히 반영해야 합니다.
- **방정식을 풀 때** 계산 실수를 주의해야 합니다.
- **구한 답이 문제의 조건에 맞는지** 항상 확인해야 합니다.

다양한 유형의 나이 문제를 풀어보면서 문제 해결 능력을 키울 수 있습니다.

더 궁금한 점이 있다면 언제든지 질문해주세요.

- **다른 유형의 문제를 풀어보고 싶으시면** 어떤 유형을 원하는지 알려주세요.
- **특정 부분이 이해되지 않으시면** 구체적으로 질문해주세요.

문제와 더불어 풀이도 해 주었습니다. 위의 문제를 통해 무엇보다 식을 잘 세우는 것이 중요하다는 것을 알게 됩니다. 더 많은 문제를 풀어보고 싶다면 챗GPT에게 요청하면 됩니다.

일차방정식의 활용문제는 문장을 잘 읽고 식을 세우는 것이므로 여러분이 예를 이해하게 되면 비슷한 문제를 만나더라도 풀 수 있을 것입니다.

다음에는 두 번째 유형인 속도, 거리, 시간 문제입니다.

속도, 거리, 시간의 관계를 알려주세요.

속도, 거리, 시간의 관계는 다음과 같습니다:

$$속도 = \frac{거리}{시간}$$

이 공식을 통해 세 가지 중요한 관계를 도출할 수 있습니다:

1. **속도(velocity) 구하는 공식:**

$$속도 = \frac{거리}{시간}$$

2. **거리(distance) 구하는 공식:**

$$거리 = 속도 \times 시간$$

3. **시간(time) 구하는 공식:**

$$시간 = \frac{거리}{속도}$$

이 공식을 활용하면, 주어진 두 개의 값을 통해 나머지 하나의 값을 쉽게 계산할 수 있습니다. 예를 들어, 이동한 거리가 100km이고, 소요된 시간이 2시간이라면:

- **속도**는 $\frac{100}{2} = 50\text{km/h}$
- **시간**은 $\frac{100}{50} = 2시간$
- **거리**는 $50\text{km/h} \times 2시간 = 100\text{km}$

속도, 거리, 시간의 관계를 이해하면 다양한 실제 상황에서도 유용하게 활용할 수 있습니다. 도움이 되셨길 바랍니다! 😊

혹시 더 궁금한 점이나 추가적인 설명이 필요하시면 언제든지 말씀해 주세요.

속도, 거리, 시간의 관계와 예시를 보여 주었습니다. 이제 활용문제를 챗GPT에게 만들어 보도록 요청하겠습니다.

속도,거리,시간의 일차방정식의 활용문제를 변수x를 사용하여 만든 후 풀어 주세요.

알겠습니다! 변수 x 를 사용한 속도, 거리, 시간의 일차방정식을 활용한 문제와 풀이를 보여드릴게요.

문제:

민호는 자동차를 타고 A 도시에서 B 도시까지 가기로 했습니다. A 도시에서 B 도시까지의 거리는 총 150km입니다. 민호는 처음 x 시간 동안 평균 속도 50km/h로 운전했으며, 나머지 거리에서는 평균 속도 30km/h로 운전했습니다.

1. 민호가 처음 x 시간 동안 이동한 거리 구하는 식을 세우세요.
2. 민호가 나머지 거리에서 이동한 시간 구하는 식을 세우세요.

3. 만약 민호가 총 4시간 동안 이동했다면 전체 이동 시간을 나타내는 일차방정식을 세우세요.
4. x의 값을 구하세요.

풀이:

1. 민호가 처음 x 시간 동안 이동한 거리:

$$50x$$

2. 나머지 거리에서는 평균 속도 30km/h로 이동했습니다. 전체 이동 거리가 150km이므로 나머지 거리:

$$150 - 50x$$

이 거리를 평균 속도 30km/h로 이동했으므로, 나머지 거리에서 이동한 시간은:

$$\frac{150 - 50x}{30}$$

3. 전체 이동 시간이 4시간이므로, 이를 일차방정식으로 나타내면:

$$x + \frac{150 - 50x}{30} = 4$$

4. 이 방정식을 풀어 x의 값을 구해봅시다.

$$x + \frac{150 - 50x}{30} = 4$$

양변에 30을 곱합니다.

$$30x + 150 - 50x = 120$$

$$-20x + 150 = 120$$

$$-20x = -30$$

$$x = 1.5$$

따라서 민호는 처음 1.5시간 동안 평균 속도 50km/h로 이동했음을 알 수 있습니다. 나머지 2.5시간 동안 평균 속도 30km/h로 이동하여 전체 이동 거리가 150km가 됩니다.

이렇게 문제를 해결했습니다! 더 궁금한 점이 있으면 언제든지 말씀해주세요! 🚗📚

이번에는 질문을 조금 다르게 해 보았습니다. '속도, 거리, 시간의 일차방정식 문제를 만들어 주세요.'로 질문하면 여러분이 처음 보는 미지수가 나오면서 어렵게 설명이 되기 때문입니다. 또한 일차방정식을 세우지 않고 풀이한 설명이 나타나기도 합니다. 따라서 '변수 x를 사용하여 문제를 만든 후 풀이과정을 해 주세요.'라는 문구를 덧붙여서 질문하면 일차방정식의 활용문제와 식 설정이 더 분명해집니다.

이 문제에서 하이라이트는 3번입니다. 1번과 2번은 3번의 방정식 설정을 위한 예비 단계입니다. 그리고 4번은 방정식에 대한 답인 x를 한 번 더 묻는 문항입니다.

보통 3번 문제처럼 한 번에 질문하는 문제가 많습니다. 그러나 위의 예처럼 세부적으로 방정식 설정을 위한 단계를 묻는 문제도 있다는 것을 기억하시기 바랍니다.

질문 방법이 어떤가에 따라 일차방정식의 활용문제와 풀이 방법이 다르게 나타날 수도 있으므로 방정식의 활용문제는 정확한 문제 생성과 답변을 위해 여러 번 거듭 질문을 할 수도 있습니다.

세 번째 유형은 농도 문제입니다.

먼저 농도 공식에 대해 물어보겠습니다. 농도 공식은 소금물의 공식도 같이 알아야 합니다. 두 가지를 알고 있어야 식을 세울 수 있기 때문입니다. 따라서 농도와 소금물의 공식을 챗GPT에게 질문하겠습니다.

농도와 소금의 양 공식을 알려 주세요.

알겠습니다! 농도와 소금의 양을 구하는 공식을 정리해 드리겠습니다.

소금물의 농도

$$농도\ (\%) = \frac{소금의\ 양\ (g)}{소금물의\ 전체\ 양\ (g)} \times 100$$

예시: 200g의 소금물에 10g의 소금이 포함되어 있다면:

$$농도\ (\%) = \frac{10}{200} \times 100 = 5(\%)$$

소금의 양

$$\text{소금의 양 (g)} = \frac{\text{농도}}{100} \times \text{소금물의전체양}(g)$$

예시: 농도가 5%인 소금물의 전체 용액 양이 500g일 때:

$$\text{소금의 양 (g)} = \frac{5}{100} \times 500 = 25(g)$$

이 공식을 사용하면 소금물의 농도와 소금의 양을 쉽게 계산할 수 있습니다. 추가로 궁금한 점이 있으시면 언제든지 말씀해 주세요. 😊

방정식의 활용 문제에 대해 궁금한 점이 있으신가요? 특정 상황이나 예시를 통해 설명드릴 수 있습니다. 어떤 활용 문제에 대해 알고 싶으신지 말씀해 주시면 도움이 될 만한 정보를 제공해 드리겠습니다. 😊

농도와 소금의 양 공식을 설명했습니다. 처음이어서 어렵게 느껴질 것입니다. 이제 농도에 대한 문제를 챗GPT에게 요청하겠습니다.

일차방정식의 활용문제 중 변수 x만으로 된 농도문제 만들어 주세요.

알겠습니다! 변수 x만 사용하는 일차방정식의 농도 문제를 만들어 보겠습니다.

문제

농도 15%의 소금물과 30%의 소금물을 섞어 20% 농도의 소금물 300g을 만들려고 합니다. 각각 필요한 소금물의 양을 구하세요.

풀이 과정

1. **변수 설정:**
   - 15% 소금물의 양을 xg라고 하겠습니다.
   - 30% 소금물의 양은 전체 300g에서 15% 소금물의 양을 뺀 나머지이므로 $(300 - x)$g입니다.
2. **조건 설정:**
   - 전체 소금물의 농도는 20%이므로, 소금의 양은 $300 \times 0.2 = 60$g입니다.

3. **식 세우기:**
   - 15% 소금물의 소금 양: $0.15x$
   - 30% 소금물의 소금 양: $0.3(300 - x)$
   - 두 소금물을 섞은 소금 양은 60g이 되어야 합니다. 따라서,

$$0.15x + 0.3(300 - x) = 60$$

4. **일차방정식 풀기:**
   -
$$0.15x + 0.3 \times 300 - 0.3x = 60$$
   -
$$0.15x + 90 - 0.3x = 60$$
   -
$$0.15x - 0.3x = 60 - 90$$
   -
$$-0.15x = -30$$
   -
$$x = \frac{-30}{-0.15}$$
   -
$$x = 200$$

이제 x 값을 이용해 30% 소금물의 양을 구합니다:

- $(300 - x) = 300 - 200 = 100$

답

- 15% 소금물: **200g**
- 30% 소금물: **100g**

따라서, 15% 소금물 200g과 30% 소금물 100g을 섞으면 20% 농도의 소금물 300g을 만들 수 있습니다.

다른 질문이나 궁금한 점이 있으시면 언제든지 말씀해 주세요! 😊

네 번째 유형은 가격 문제입니다. 가격 문제를 챗GPT에게 만들도록 했습니다.

일차방정식을 활용한 가격문제를 변수x 만으로 된 예제를 만든 후 풀어 주세요

물론입니다! 변수를 x만 사용한 예제를 만들어보겠습니다.

문제:

어느 상점에서 1개의 피자 가격을 x원이라고 가정하겠습니다. 피자 2개와 음료수 4개의 총 가격이 20,000원이라고 합니다. 이때, 음료수 1개의 가격을 피자 1개의 가격의 절반이라고 할 때, 피자 1개의 가격 x를 구하시오.

풀이:

1. 문제의 조건을 일차방정식으로 나타내겠습니다.
   - 피자 2개 가격: $2x$
   - 음료수 4개 가격: $4 \times \frac{x}{2} = 2x$
   - 총 가격: 20,000원
2. 위의 식을 일차방정식으로 정리하면:

$$2x + 2x = 20000$$

3. 같은 항끼리 더합니다:

$$4x = 20000$$

4. 방정식을 풀기 위해 양변을 4로 나눕니다:

$$x = \frac{20000}{4}$$

$$x = 5000$$

따라서 피자 1개의 가격 x는 5,000원입니다.

이 예제가 마음에 드셨길 바랍니다! 추가적인 도움이 필요하시면 언제든지 말씀해 주세요. 😊

다섯 번째 유형인 도형 문제를 챗 GPT에게 요청하겠습니다.

일차방정식의 활용문제 중 도형문제의 예제를 만든 후 풀어 주세요.

알겠습니다! 일차방정식을 활용한 도형 문제를 만들어보겠습니다.

문제:

한 직사각형의 가로 길이를 x cm라고 합시다. 이 직사각형의 세로 길이는 가로 길이보다 4 cm 더 깁니다. 이 직사각형의 둘레가 36 cm일 때, 가로 길이 x cm를 구하시오.

풀이:

1. 문제의 조건을 일차방정식으로 나타내겠습니다.
   - 가로 길이: x cm
   - 세로 길이: $x + 4$ cm
   - 직사각형의 둘레: $2\{x + (x + 4)\}$

2. 위의 식을 일차방정식으로 정리하면:

$$2\{x + (x + 4)\} = 36$$

3. 괄호를 풀고 정리합니다:

$$2(2x + 4) = 36$$

4. 방정식을 풀기 위해 양변을 2로 나눕니다:

$$2x + 4 = 18$$

5. x를 한쪽으로 모읍니다:

$$2x = 14$$

6. x를 구하기 위해 양변을 2로 나눕니다:

$$x = \frac{14}{2}$$

$$x = 7$$

따라서 이 직사각형의 가로 길이 x는 7 cm입니다.

이 예제가 도움이 되셨길 바랍니다! 더 다른 문제나 설명이 필요하시면 언제든지 말씀해 주세요. 😊

다섯 가지의 대표 유형의 문제를 보여 주고, 풀이를 해 주었습니다.

일차방정식의 활용문제는 식을 세우는 것이 가장 어렵습니다. 그래서 식을 잘못 세워서 잘못된 결과값이 나오기도 합니다. 물론 식은 제대로 세워도 풀이과정의 실수로 잘못되기도 합니다. 따라서 식의 설정과 풀이를 정확히 하는 것이 중요합니다.

다시 한 번 말씀드리지만 챗GPT에게 질문할 때 '변수 x로'라는 조건을 붙인 이유가 있습니다. 이 조건을 붙이지 않으면 일차방정식으로 세우지 않은 식으로 푼 예시가 나타납니다.

일차방정식은 중학교 2학년 과정에도 있는데 지금 이 방법은 2학년 과정의 풀이 방법이기 때문에 이해가 어려울 수도 있습니다. 참고적으로 중학교 2학년의 연립방정식은 x와 y의 두 개의 변수를 한 번에 식으로 세우기 때문에 여러분이 지금 학습하는 것과는 다릅니다.

챗GPT는 아직 중학교 1학년과 2학년의 방정식의 차이에 대해 구분하고 학년에 맞도록 문제를 정확하게 만들어 주지 못합니다. 따라서 중학교 1학년 범위 내에서 문제를 풀이하기 위해 조건을 붙여야 합니다.

요약하자면 일차방정식을 만들어 달라고 챗GPT에게 요청하니 중학교 1, 2학년 문제가 뒤섞여 나온다면 이때는 그 문제만 건너 뛰거나 다시 '변수 x가 하나인 일차방정식'이라는 조건을 반드시 붙여서 챗GPT에게 요청하세요. 더 구체적으로 요구하면 여러분이 이해하기 쉽게 바꾸어서 설명해 줄 것입니다. 그럼에도 이해가 가지 않는 부분은 더 자세히 쉽게 설명해 달라고 하면 됩니다.

똑똑!! 기억하세요.

방정식은 풀이 과정이 중요합니다. 그래서 챗GPT의 답변에 나온 풀이 과정이 이해가 안 가는 부분이 있다면 반드시 더 자세히 알려달라고 요구하세요.

방정식은 활용문제의 유형과 식에 대한 이해가 중요하기 때문에 챗GPT를 이용해 많은 문제를 만들고 풀어 보세요.

방정식의 활용문제는 '변수가 하나인 일차방정식'이라는 조건을 붙여 문제를 만들도록 챗GPT에게 요청하세요.

1+1 =
Y
1+1 =
?
x+y=
H2O

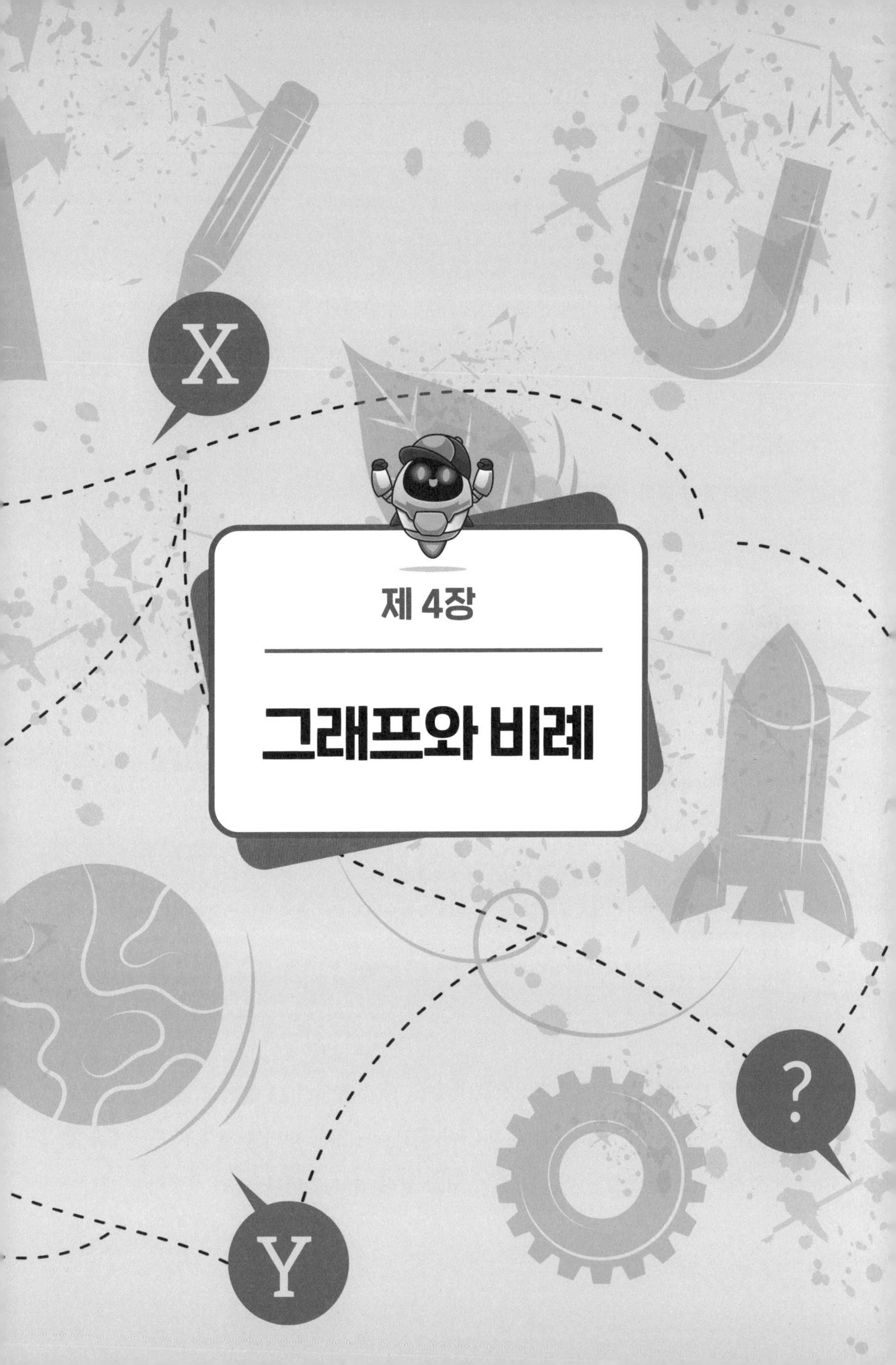

제 4장

그래프와 비례

이번 단원은 함수에 대해 본격적으로 배우는 단원입니다. 많은 중학생들이 방정식과 함수가 같은 것인지 다른 것인지 판단을 할 수 없어 처음에 많이 당황해 하며 질문합니다. 식의 형태가 비슷한 것 같은데 같은 것 아니야? 라고 얼마든지 궁금해할 수 있습니다.

그렇다면 우리의 챗GPT는 뭐라고 대답할까요? 챗GPT의 답변을 들어보겠습니다.

방정식과 함수는 같은 것인가요? 다른 것인가요?

방정식과 함수는 서로 다른 개념이에요. 둘 다 수학에서 중요한 역할을 하지만, 그 목적과 용도가 다릅니다.

방정식: 방정식은 특정 값을 찾기 위해 사용하는 수식입니다. 예를 들어, $x + 3 = 7$이라는 방정식을 풀면 $x = 4$가 됩니다. 방정식은 주로 어떤 값이 문제를 만족하는지를 찾는 데 사용됩니다.

함수: 함수는 입력 값에 대해 출력 값을 결정하는 규칙을 정의합니다. 예를 들어, $f(x) = x + 3$이라는 함수는 x에 3을 더한 값을 출력으로 합니다. 함수는 다양한 입력 값에 대해 일관된 출력 값을 제공하는 데 중점을 둡니다.

따라서, 방정식은 문제를 해결하는 과정이고, 함수는 입력과 출력 간의 관계를 정의하는 도구입니다.

혹시 더 궁금한 점이 있으면 언제든지 물어보세요. 😊

어렵게 느껴지죠? 아마 함축적으로 내용을 담고 있어서 대체 이게 뭔 말일까 싶어 당황할 수 있습니다. 챗GPT가 좀처럼 이해가 가지 않는 답변을 해 온다면 비유를 통해 알려달라고 질문하면 더 이해하기 쉽게 답해 줄 것입니다. 어떤 사물이나 대상에

빗대어 설명하면 상대방의 이해력을 높일 수 있기 때문입니다. 그래서 '비유를 통해' 라는 조건을 붙여서 다시 쉽게 알려달라고 챗GPT에게 질문해 보겠습니다.

방정식과 함수의 차이점을 비유를 통해 알려주세요.

물론이죠! 비유를 통해 설명해 볼게요.

방정식은 마치 한 가지 퍼즐을 푸는 것과 같아요. 예를 들어, 방정식은 "내 손에 든 수박 한 조각의 무게는 무엇일까?"와 같은 질문을 던집니다. 이 퍼즐을 풀기 위해 우리는 다양한 단서와 정보(예: 수식)를 사용해서 정확한 답을 찾습니다. 그래서 방정식은 어떤 특정한 값을 찾아내는 과정이라고 생각할 수 있어요.

함수는 일련의 규칙을 따르는 자동 판매기와 같아요. 자동 판매기에 돈을 넣고 버튼을 누르면 특정 음료가 나오는 것처럼, 함수는 입력 값을 넣으면 그에 상응하는 출력 값을 줍니다. 예를 들어, 자동 판매기에 500원을 넣고 콜라 버튼을 누르면 콜라가 나오는 것처럼, 함수는 입력 값을 받아서 정해진 규칙에 따라 출력을 제공합니다.

따라서 방정식은 퍼즐을 풀어 특정 값을 찾는 과정이고, 함수는 자동 판매기처럼 규칙에 따라 입력과 출력을 연결하는 과정입니다.

이 비유가 도움이 되었나요? 😊 더 궁금한 점이 있으면 언제든지 물어보세요!

비유를 통해 해달라고 했는데 어떤가요? 좀 더 이해가 잘 가나요? 방정식과 함수의 차이점에 대한 이해가 한결 나아졌다고 생각합니다.

어떤 챗GPT는 '방정식과 함수의 차이점을 쉽게 설명해 주세요'라고 질문을 하면 자동적으로 비유를 통해 쉽게 설명하기도 합니다.

4단원인 그래프와 비례 단원은 함수의 등장으로 방정식과의 차이점을 이해하는 것이 매우 중요해졌습니다. 또한 처음 접하는 단원인 만큼 함수에 대한 개념과 정의가 중요합니다. 그래서 챗GPT에게 질문할 것이 더 많아졌습니다.

먼저 함수에서 가장 기본이며 중요한 개념인 좌표평면부터 알아볼까요?

함수에서 좌표평면에 대한 이해와 좌표평면에 점을 표시하는 것은 매우 중요한데요. 그 이유는 함수의 그래프를 그리는 데 필요하기 때문입니다.

우선 좌표평면이 무엇인지 챗 GPT에게 질문하겠습니다.

좌표평면과 사분면은 무엇인가요?

좌표평면이란 무엇일까요?

좌표평면은 우리 주변의 모든 것을 숫자로 나타내어 위치를 정확하게 표현할 수 있도록 해주는 도구입니다. 마치 지도에서 경도와 위도를 이용해 특정한 장소를 찾는 것처럼, 좌표평면은 평면 위의 어떤 점이든 정확한 위치를 나타낼 수 있게 해줍니다.

좌표평면의 구성 요소

- **x축과 y축:** 좌표평면은 가로축인 **x축**과 세로축인 **y축**으로 이루어져 있습니다. 두 축은 원점(0, 0)에서 수직으로 만납니다.
- **순서쌍:** 좌표평면 위의 한 점은 **(x, y)**와 같은 순서쌍으로 나타냅니다. 여기서 x는 x축에서의 거리를, y는 y축에서의 거리를 의미합니다.
- **사분면:** 좌표평면은 x축과 y축에 의해 네 개의 영역으로 나뉘는데, 이를 **사분면**이라고 합니다. 각 사분면에는 x와 y의 부호에 따라 다른 특징이 있습니다.

사분면이란 무엇일까요?

사분면은 좌표평면을 x축과 y축으로 나눈 네 개의 영역을 말합니다. 각 사분면은 x좌표와 y좌표의 부호에 따라 구분됩니다.

- **제1사분면:** x좌표와 y좌표가 모두 양수인 영역
- **제2사분면:** x좌표는 음수, y좌표는 양수인 영역

- **제3사분면:** x좌표와 y좌표가 모두 음수인 영역
- **제4사분면:** x좌표는 양수, y좌표는 음수인 영역

왜 사분면을 사용할까요?

- **위치 표현의 정확성:** 좌표평면 위의 어떤 점의 위치를 더욱 정확하게 표현할 수 있습니다.
- **문제 해결:** 다양한 수학 문제를 풀 때, 사분면을 이용하여 문제를 시각적으로 파악하고 해결하는 데 도움이 됩니다.
- **함수 그래프:** 함수의 그래프를 그릴 때, 각 사분면에서 함수의 값이 어떻게 변하는지 확인할 수 있습니다.

좌표평면의 활용 예시

- **지도:** 지도에서 경도와 위도는 좌표평면의 x축과 y축에 해당하며, 특정한 장소의 위치를 나타내는 데 사용됩니다.
- **컴퓨터 그래픽:** 컴퓨터 화면은 좌표평면과 비슷하게 구성되어 있으며, 이미지나 애니메이션을 만들 때 좌표를 이용합니다.
- **데이터 시각화:** 통계 데이터를 좌표평면에 나타내어 시각적으로 분석하고 이해하기 쉽게 만들 수 있습니다.

좌표평면과 사분면에 대한 더 궁금한 점이 있다면 언제든지 질문해주세요.

다음과 같은 질문을 해보세요:

- 특정한 점이 어떤 사분면에 위치하는지 알고 싶다면 점의 좌표를 알려주세요.
- 사분면을 이용하여 도형을 그리는 방법을 알고 싶다면 어떤 도형인지 말씀해주세요.
- 좌표평면과 함수의 관계에 대해 더 알고 싶다면 어떤 함수에 대해 궁금한지 말씀해주세요.

예를 들어, 다음과 같은 질문을 할 수 있습니다.

- "점 (-3, 2)는 어떤 사분면에 있나요?"
- "사분면을 이용하여 직선을 그리는 방법을 알려주세요."

친절하게 설명해 드릴게요!

좌표평면의 정의와 이에 대해 설명을 하였습니다. 아래쪽 그림이 좌표평면입니다. 좌표평면에서 사분면이라는 용어가 보이지요? 사분면은 제1사분면, 제2사분면, 제3사분면, 제4사분면의 4개로 구분되어 있습니다.

처음이라서 모눈종이로 점의 좌표를 표시하게 나타내었습니다. 여러분도 모눈종이로 점의 위치를 표시해 보세요. 더 쏙쏙 이해가 될 것입니다.

계속해서 제1사분면, 제2사분면, 제3사분면, 제4사분면에 대해 자세히 설명해 달라고 챗GPT에게 질문하겠습니다.

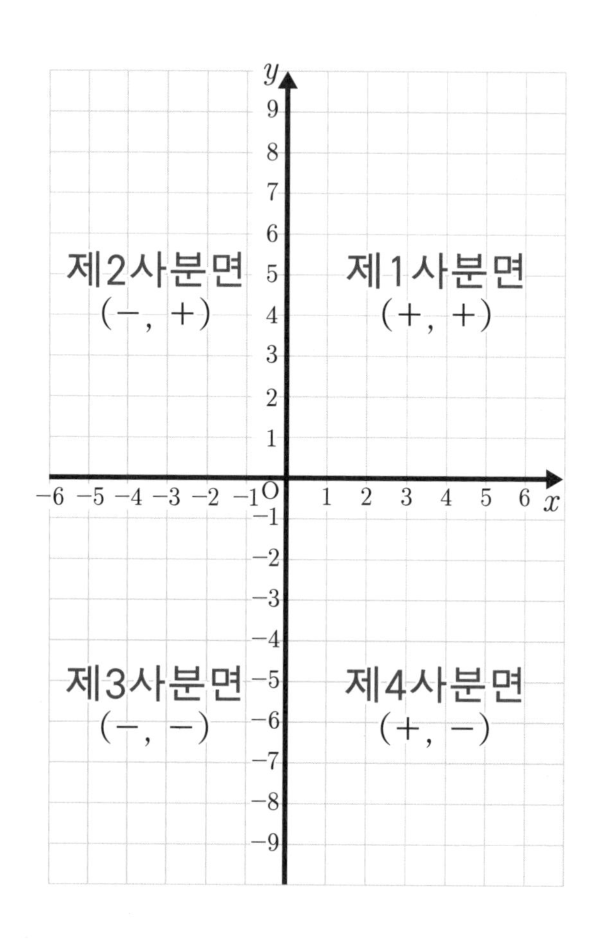

좌표평면의 사분면에 대해 초등학생이 이해하게끔 설명해 주세요.

좋아요! 초등학생이 쉽게 이해할 수 있도록 설명해 볼게요.

좌표평면은 두 개의 선이 "+" 모양으로 교차하는 그림을 생각하면 됩니다. 이 두 선은 가로선(x축)과 세로선(y축)인데, 이 두 선이 만나는 점을 원점이라고 불러요.

좌표평면은 이 두 선에 의해 네 개의 구역으로 나뉘어요. 이 네 구역을 **사분면**이라고 부릅니다.

사분면 설명

1. **제1사분면** (오른쪽 위): x와 y 둘 다 양수인 부분이에요.
   - 예: (3, 4), (2, 5)
2. **제2사분면** (왼쪽 위): x는 음수, y는 양수인 부분이에요.
   - 예: (-3, 4), (-2, 5)
3. **제3사분면** (왼쪽 아래): x와 y 둘 다 음수인 부분이에요.
   - 예: (-3, -4), (-2, -5)
4. **제4사분면** (오른쪽 아래): x는 양수, y는 음수인 부분이에요.
   - 예: (3, -4), (2, -5)

시각적으로 정리

$$\begin{array}{cc} \text{제2사분면 (왼쪽 위)} & \text{제1사분면 (오른쪽 위)} \\ x\text{: 음수}, y\text{: 양수} & x\text{: 양수}, y\text{: 양수} \\ \text{제3사분면 (왼쪽 아래)} & \text{제4사분면 (오른쪽 아래)} \\ x\text{: 음수}, y\text{: 음수} & x\text{: 양수}, y\text{: 음수} \end{array}$$

이렇게 하면 사분면의 위치를 쉽게 이해할 수 있을 거예요! 점들이 어디에 위치하는지 이해하면, 수학이 훨씬 재미있고 쉬워질 거예요. 😊 더 궁금한 게 있으면 언제든지 물어봐요

여러분이 좌표평면의 사분면에 점을 표시하면 어느 사분면에 속하는지 알 수 있습니다. 설명이 잘 되어 있어서 이해가 쉬울 것으로 생각됩니다.

그리고 여기서 알아둘 점은 점의 위치가 어느 사분면에도 속하지 않는 경우입니다. 그런 경우에 대해 챗GPT에게 질문해 보았습니다.

점의 좌표가 어느 사분면에도 속하지 않는 경우를 알려 주세요.

점의 좌표가 어느 사분면에도 속하지 않는 경우는 다음과 같습니다:

1. **원점**: 점의 좌표가 (0, 0)인 경우 원점에 위치합니다. 이는 x축과 y축이 만나는 지점이므로 어떤 사분면에도 속하지 않습니다.
2. **x축 위의 점**: 점의 좌표에서 y값이 0인 경우입니다. 예를 들어 (3, 0)이나 (-2, 0)과 같은 점들이 x축 위에 위치하게 되며, 이는 사분면에 속하지 않습니다.
3. **y축 위의 점**: 점의 좌표에서 x값이 0인 경우입니다. 예를 들어 (0, 4)나 (0, -5)와 같은 점들이 y축 위에 위치하게 되며, 이는 사분면에 속하지 않습니다.

이렇게 x축, y축 또는 원점에 위치한 점들은 어떤 사분면에도 속하지 않습니다. 더 궁금한 점이 있으면 언제든지 물어보세요! 😊

챗GPT가 알려준 이 내용을 모눈종이에 직접 그려 보면 아주 쉽게 이해할 수 있을 거예요.

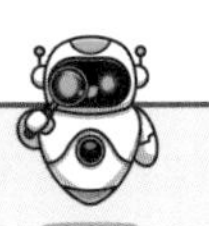

이번에는 정비례와 반비례에 대해 알아보겠습니다.

정비례와 반비례에 대해 알려주세요.

정비례와 반비례는 두 변수 간의 관계를 설명하는 중요한 수학적 개념입니다. 각각을 좀 더 자세히 설명해드릴게요.

정비례

정비례는 한 변수가 증가할 때 다른 변수도 일정한 비율로 함께 증가하는 관계를 말해요. 예를 들어, 만약 변수 x와 y가 정비례하면, x가 두 배가 되면 y도 두 배가 됩니다. 이를 식으로 나타내면 $y = ax$로 표현할 수 있어요. 여기서 a는 정비례 상수라고 불리는 값입니다. 예를 들어, $y = 3x$라는 식이 주어지면, x가 2일 때 y는 6이 됩니다.

반비례

반비례는 한 변수가 증가할 때 다른 변수는 일정한 비율로 감소하는 관계를 말해요. 예를 들어, 만약 변수 x와 y가 반비례하면, x가 두 배가 되면 y는 절반이 됩니다. 이를 식으로 나타내면 $y = \frac{a}{x}$로 표현할 수 있어요. 여기서 a는 반비례 상수라고 불리는 값입니다. 예를 들어, $y = \frac{3}{x}$라는 식이 주어지면, x가 2일 때 y는 1.5가 됩니다.

요약하면, 정비례는 두 변수가 같은 비율로 증가하거나 감소하는 관계이고, 반비례는 한 변수가 증가할 때 다른 변수가 감소하는 관계입니다. 이렇게 두 변수 간의 관계를 이해하면 수학 문제를 푸는 데 큰 도움이 될 거예요!

궁금한 점이 있으면 언제든지 물어보세요! 😊

이해하기 쉽게 챗GPT가 답변해 주었습니다. 다만 그래프를 그리는 기능이 없어서 $y=2x$와 $y=\frac{1}{x}$의 그래프 모양이 어떻게 생겼는지 나타내지 못하기 때문에 어떤 모습인지 궁금하다면 직접 그려보는 방법이 있습니다. 또 직접 그리지 않고 지오지브라나

매쓰웨이 등과 같은 프로그램에서 그리는 방법도 있습니다.

포토매쓰는 여러분이 종이 위에 $y=2x$로 직접 손으로 글씨를 쓴 후 어플을 통한 사진을 찍으면 바로 그래프를 보여주는 GPT의 일종입니다.

지오지브라나 매쓰웨이, 포토매쓰와 같은 수학에 특화된 GPT는 잘만 사용한다면 더 어려운 함수 그래프도 얼마든지 그려볼 수 있습니다.

아직 변수 x와 y가 어렵게 생각될 수 있으나 키보드에 입력하는 수식은 어렵지 않게 대입할 수 있습니다. 여러분은 영어 x와 y의 자판 위치를 알고 있기 때문에 그것 외에는 수식에 대한 걱정은 크게 갖지 않아도 됩니다.

이제 다시 챗GPT와 함께 함수에 대해 계속 알아보겠습니다.

정비례와 반비례는 함수에 포함되는 개념입니다. 따라서 정비례 함수와 반비례 함수로 부르기도 합니다.

챗GPT에게 $y=2x$와 $y=\frac{2}{x}$을 그려보도록 하겠습니다.

먼저 $y=2x$의 그래프를 그리는 방법부터 질문해 보겠습니다.

y=2x 그래프 그리는 방법 알려주세요.

확실히 도와드릴게요! $y = 2x$라는 직선 그래프를 그리는 방법을 단계별로 설명해 드릴게요.

단계별 그래프 그리기

1. **좌표평면 준비**: x축과 y축이 있는 좌표평면을 그려주세요. 이 두 축은 원점(0, 0)에서 만납니다.
2. **값 선택**: 여러 x 값을 선택하세요. 예를 들어, $-2, -1, 0, 1, 2$ 같은 값들을 선택할 수 있습니다.
3. **y 값 계산**: 선택한 각 x 값에 대해 y 값을 계산합니다. $y = 2x$ 공식을 사용하여 계산할 수 있습니다.
    - $x = -2$일 때, $y = 2 \times (-2) = -4$

- $x = -1$일 때, $y = 2 \times (-1) = -2$
- $x = 0$일 때, $y = 0$
- $x = 1$일 때, $y = 2 \times 1 = 2$
- $x = 2$일 때, $y = 2 \times 2 = 4$

4. **점 찍기**: 위에서 계산한 (x, y) 좌표를 좌표평면에 찍어주세요.
   - (-2, -4)
   - (-1, -2)
   - (0, 0)
   - (1, 2)
   - (2, 4)
5. **점 연결**: 찍은 점들을 직선으로 연결하세요. 이렇게 하면 $y = 2x$라는 직선 그래프를 얻을 수 있습니다.

그래프의 모습

이 직선은 원점(0, 0)을 지나고, x값이 증가할 때마다 y값이 두 배로 증가합니다. 따라서 기울기가 2인 직선이 됩니다.

이해가 되셨나요? 더 궁금한 점이 있으면 언제든지 물어보세요! 😊

아직은 챗GPT에게 함수의 그래프를 그려달라고 하면 그려주지 못하지만 앞으로 챗GPT의 기술이 더 발전한다면 이런 문제점은 수정될 것입니다.

그리고 그림으로 표현하지 못한다는 이러한 단점에도 불구하고 챗GPT는 좋은 학습 파트너가 될 수 있습니다. 함수에서 그래프는 중요하기 때문에 챗GPT가 더 완벽해질 때까지는 위에서 소개한 수학에 좀 더 특화된 GPT 관련 프로그램을 같이 사용하거나 모눈종이에 직접 그려 보세요.

여러분이 갖고 있는 모눈종이 위에 직접 좌표를 표시하는 방법을 알려드리겠습니다.

모눈종이 위에 좌표평면이 있습니다. 여기에 (-2, -4), (-1, -2), (0, 0),(1, 2),(2, 4)의 다섯 개의 점을 표시합니다.

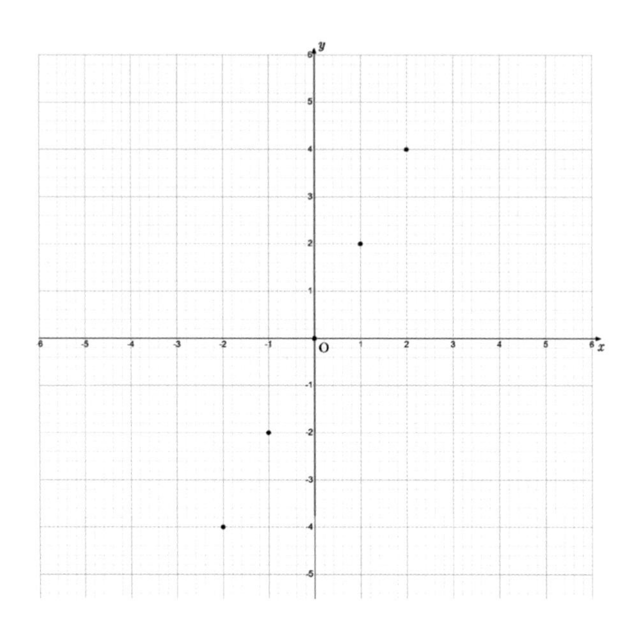

모눈종이에 다섯 개의 점을 각각 나타냈습니다. 이제 다음처럼 다섯 개의 점을 잇는 직선으로 완성할 수 있습니다.

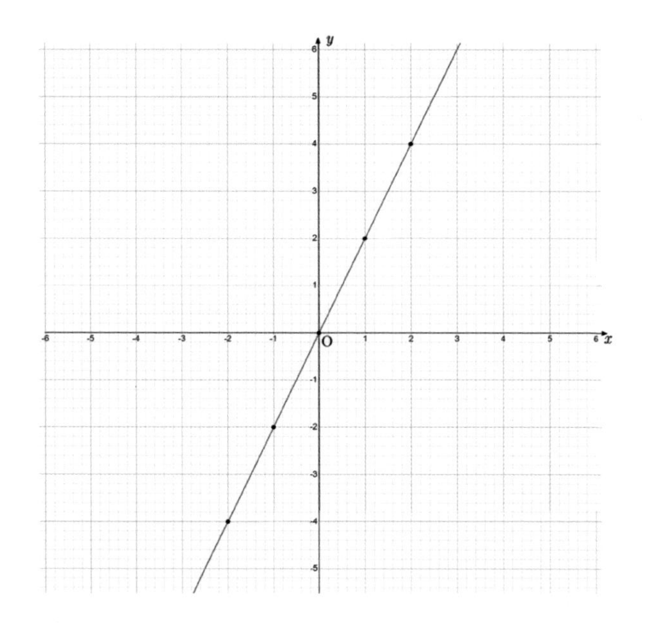

모눈종이를 이용하여 간단하게 그래프를 그려보았습니다.

점을 찍지 않고도 그래프를 나타내는 방법도 있습니다. y=$2x$를 수식 입력하면 그릴 수 있는 방법입니다.

프로그램으로는 놀랍게도 y=$2x$를 수식으로 직접 입력하면 점의 좌표는 나타나지 않지만 그래프의 직선이 나타납니다. 그러나 그래프도 점을 하나씩 표시함으로서 이어지는 직선이므로 점을 모두 표시하고 그래프를 완성해야 합니다.

이번에는 반비례 함수 $y=\frac{2}{x}$그래프를 챗GPT에게 그려보도록 하겠습니다.

반비례 함수 y=2/x를 그리는 방법을 알려 주세요.

반비례 함수 $y = \frac{2}{x}$를 그리는 방법을 설명드릴게요:

1. **다양한 값 선택**: 여러 x 값을 선택하고 그에 따른 y 값을 계산합니다. 예를 들어:
   - $x = -4$일 때 $y = -0.5$
   - $x = -2$일 때 $y = -1$
   - $x = -1$일 때 $y = -2$
   - $x = -0.5$일 때 $y = -4$
   - $x = 0.5$일 때 $y = 4$
   - $x = 1$일 때 $y = 2$
   - $x = 2$일 때 $y = 1$
   - $x = 4$일 때 $y = 0.5$
2. **좌표 축 그리기**: 좌표 평면에 x-축과 y-축을 그립니다.
3. **점 찍기**: 선택한 점들을 좌표 평면에 표시합니다.
   - (-4, -0.5)
   - (-2, -1)
   - (-1, -2)
   - (-0.5, -4)
   - (0.5, 4)

- (1, 2)
- (2, 1)
- (4, 0.5)

4. **곡선 그리기**: 점들을 부드럽게 연결하여 반비례 함수의 곡선을 그립니다.

이 단계를 따라가면 반비례 함수 $y = \frac{2}{x}$의 그래프를 쉽게 그릴 수 있을 거예요. 추가로 궁금한 점이 있으면 언제든지 말씀해 주세요! 😊

여덟 개의 점인 (-4, -0.5), (-2, -1), (-1, -2), (-0.5, -4), (0.5, 4), (1, 2), (2, 1), (4, 0.5)의 점의 좌표를 표시합니다.

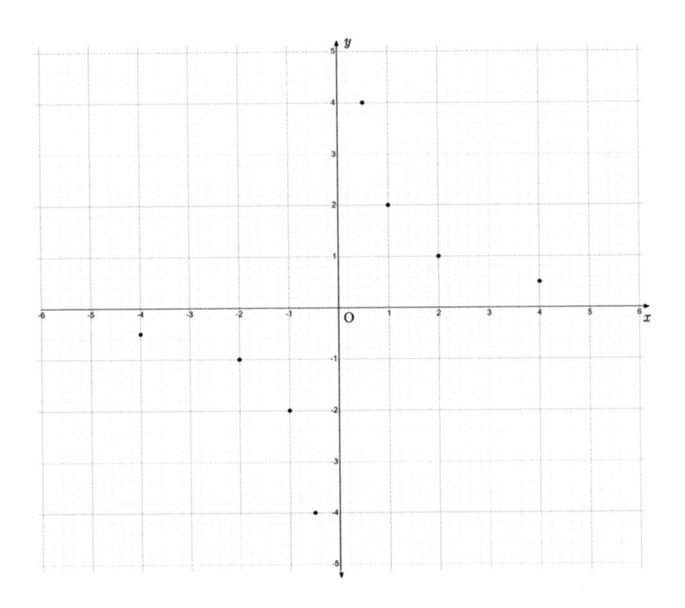

이제 매끄러운 곡선으로 연결합니다.

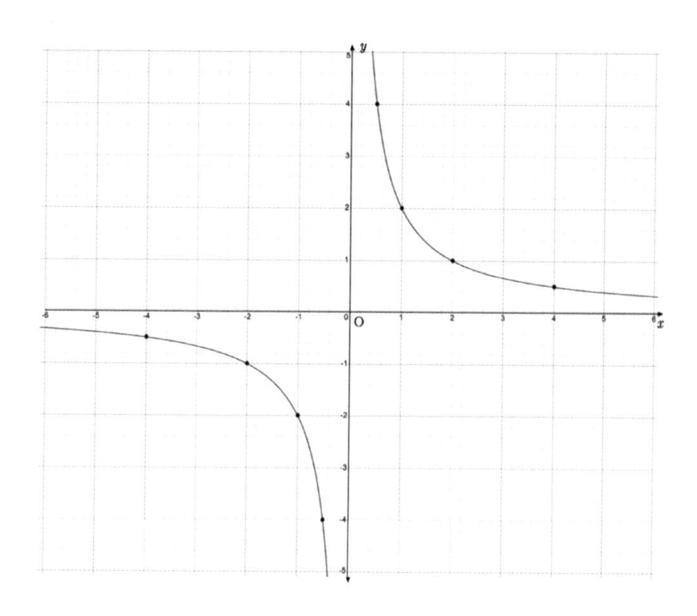

위의 그래프처럼 여덟 개의 점의 위치를 표시한 후 곡선으로 연결하면 됩니다. 정비례 함수와는 달리 좌표평면의 가운데 부분인 원점 O를 지나지 않습니다.

반비례 함수의 그래프는 중학교 1학년 수학에서 처음 만나지만 앞으로 많이 사용하니 꼭 기억해야 하는 형태입니다.

똑똑!! 기억하세요.

그래프와 비례는 함수의 첫 단계로 좌표평면에 점의 위치를 잘 표시하고 정비례 그래프와 반비례 그래프를 반드시 모눈종이 위에 그려보세요.

프로그램을 통해 함수의 그래프 모양을 알아보는 것도 좋은 방법입니다.

챗GPT가 너무 어렵게 대답해서 이해가 어렵다면 비유를 통해 답해 달라고 질문하는 것도 좋은 질문 방법입니다.

1+1 =
Y
1+1 =
?
x+y=
H2O

제 5장

기본도형

1 도형의 기초

기본도형이라는 단원은 도형의 기초 부분으로 중학교 1학년 2학기 수학 과정에서 도형에 첫 입문하는 단원입니다. 그리고 이미 초등학교 때에도 배운 내용이 많습니다. 중학교 1학년 2학기에 배우는 도형은 여러분이 초등학교에서 배우는 삼각형, 사각형 같은 다각형과 여러 다면체에 대한 내용보다 더 많은 도형에 대해 공부할 수 있도록 그 기초를 쌓는 학습 단계라고 생각하면 됩니다.

초등학교 때 배우던 직선과 반직선, 선분도 다시 배우기 시작하여 작도와 삼각형의 합동조건에 대해서 배우는 단원이기도 합니다. 여기에 방정식을 이용하는 문제도 풀게 되기 때문에 초등학교 때와는 차이가 많은 단원이기도 합니다. 이와 관련된 도형에 대한 용어도 많아집니다.

수학은 모든 분야가 중요하지만 도형은 그중에서도 기하학의 기본이 되는 단원이기 때문에 실생활에도 특히 적용된 사례가 많은 단원입니다. 당장 주변을 둘러보세요. 그럼 여러분은 무수히 많은 도형들을 보게 될 것입니다. 노트, 책, 컴퓨터, 그릇, 핸드폰, 집, 도로 등등 거의 모든 것에서 도형을 발견할 수 있을 거예요.

그렇다면 챗GPT는 우리가 도형을 왜(Why) 배워야 하는지 질문하면 뭐라고 대답할까요? 중학교 1학년 도형을 중심으로 질문해 보겠습니다.

중학교 1학년 수학에서 기본도형을 배우는 이유는 무엇인가요?

중학교 1학년 수학에서 기본도형을 배우는 것은 앞으로의 수학 학습뿐만 아니라, 우리 주변의 세상을 이해하는 데에도 매우 중요한 기초를 다지는 과정입니다.

기본도형을 배우는 이유는 다음과 같습니다.

- **수학의 기본 토대 마련:**
  - 점, 선, 면은 모든 도형의 기본 요소입니다. 이러한 기본 개념을 정확히 이해해야 더 복잡한 도형을 배우고 문제를 해결할 수 있습니다.
  - 각, 평행선, 수직 등의 개념은 기하학의 기초가 되며, 이후 삼각형, 사각형 등 다양한 도형을 배우는 데 필수적입니다.
- **공간 감각 및 논리적 사고력 향상:**
  - 도형을 배우면서 공간을 인식하고 이해하는 능력, 즉 공간 감각이 향상됩니다.
  - 도형의 성질을 분석하고 증명하는 과정을 통해 논리적 사고력을 키울 수 있습니다.
- **다양한 분야와의 연결:**
  - 과학, 기술, 예술 등 다양한 분야에서 도형의 개념이 활용됩니다. 예를 들어, 건축, 디자인, 컴퓨터 그래픽 등에서 도형에 대한 이해는 필수적입니다.
- **문제 해결 능력 향상:**
  - 도형 문제를 해결하면서 문제를 분석하고, 다양한 방법으로 접근하는 능력을 기를 수 있습니다.

더 자세히 설명하면 다음과 같습니다.

- **초등학교에서 배운 도형의 확장:** 초등학교에서 간단한 도형을 배우지만, 중학교에서는 더 깊이 있고 다양한 도형을 배우면서 개념을 확장합니다.
- **다양한 도형의 성질 탐구:** 삼각형의 합동 조건, 사각형의 종류와 성질 등 다양한 도형의 성질을 탐구하고 증명하는 과정을 통해 수학적 사고력을 키웁니다.
- **도형과 실생활의 연결:** 건축물, 자연물 등 우리 주변의 다양한 사물을 도형으로 해석하고, 도형의 성질을 활용하여 문제를 해결하는 능력을 기릅니다.

결론적으로, 중학교 1학년 때 배우는 기본도형은 단순한 도형 학습을 넘어, 수학적 사고력을 키우고, 다양한 분야에서 활용될 수 있는 중요한 기초를 다지는 과정입니다.

궁금한 점이 있다면 언제든지 다시 질문해주세요.

공간 감각 향상이라는 문구가 눈에 띕니다. 쉽게 이야기하자면 3D를 많이 사용하는 현실에서 당연히 기본적으로 공부하여야 할 단원이겠지요? 수학에서 공간에 관한 문제가 많이 등장합니다. 또한 도형이 건축물과 예술에 사용된다는 것도 확인할 수 있습니다.

이제 챗GPT로 도형에 대해 좀 더 알아보겠습니다.

도형의 기본 요소는 점, 선, 면입니다. 그러면 점, 선, 면에 대해 확인할 겸 챗GPT에게 질문하겠습니다.

점,선,면을 쉽게 설명해 주세요.

물론이죠! 점, 선, 면을 간단히 설명해드릴게요.

1. **점 (Point):** 점은 공간 속의 위치를 나타내는 가장 기본적인 요소입니다. 크기나 길이가 없고, 단지 위치만을 가집니다. 예를 들어, 종이에 연필로 찍은 작은 점을 생각해 보세요.
2. **선 (Line):** 선은 점들이 계속 연결되어 이루어지는 길이 있는 도형입니다. 두 점을 잇는 직선이 가장 기본적인 선입니다. 선은 끝이 없는 직선도 있고, 끝과 끝이 있는 선분도 있습니다.
3. **면 (Plane):** 면은 길이와 너비가 있는 2차원 공간입니다. 쉽게 말해, 평평한 종이 한 장을 생각하면 됩니다. 면 위에는 무수히 많은 점과 선이 존재할 수 있습니다.

이렇게 점, 선, 면은 모든 기하학적 도형의 기본 단위가 됩니다. 이해되셨나요? 😊

다른 궁금한 점이나 설명이 필요한 것이 있다면 언제든지 말씀해 주세요.

챗GPT 외의 다른 GPT는 점, 선, 면에 대해 어떻게 설명할까요? 이번에는 구글에서 개발한 GPT에게 질문해 보았습니다.

점,선,면은 무엇인지 쉽게 설명해 주세요.

점, 선, 면은 모든 도형의 기본이 되는 아주 작은 단위라고 생각하면 돼요. 마치 레고 블록처럼, 이 세 가지를 가지고 다양한 모양을 만들 수 있죠.

점 (Point)

- **설명:** 크기는 없고 위치만을 나타내는 것.
- **예시:** 종이에 찍은 작은 점, 지도 위의 한 지점

선 (Line)

- **설명:** 두께는 없고 길이만 있는 것. 점이 쭉 이어진 모양이라고 생각하면 쉽죠.
- **종류:** 직선, 곡선 등
- **예시:** 자로 그린 직선, 실, 끈

면 (Plane)

- **설명:** 길이와 폭은 있지만 두께는 없는 것. 선이 옆으로 쭉 퍼져서 만들어진 모양이라고 생각하면 돼요.
- **예시:** 책의 표지, 벽

점, 선, 면의 관계

- **점이 많이 모이면 선이 되고,**
- **선이 옆으로 쭉 퍼지면 면이 됩니다.**

마치 모래알갱이(점)들이 모여 모래사장(면)을 만드는 것과 같아요.

왜 점, 선, 면을 배우는 걸까요?

점, 선, 면은 단순한 개념 같지만, 우리 주변의 모든 물건을 이루는 기본 요소예요. 이 개념을 이해하면,

- **도형을 더 쉽게 이해할 수 있고,**
- **공간 감각을 키울 수 있으며,**
- **다양한 분야에서 문제를 해결하는 데 도움이 됩니다.**

예를 들어, 건축가는 건물을 설계할 때 점, 선, 면을 이용하여 아름답고 안전한 건물을 만들고, 디자이너는 포스터나 그림을 그릴 때 점, 선, 면을 활용하여 다양한 표현을 합니다.

더 궁금한 점이 있다면 언제든지 물어보세요!

- **예시:** 삼각형은 어떤 도형인가요? 원은 어떻게 만들어지나요?

다음에는 점, 선, 면을 이용해서 어떤 도형을 만들 수 있는지 알아볼까요?

여러분은 어느 것이 더 이해하기 쉬운가요? 여러분이 주로 사용하는 인공지능에 따라 같은 내용도 대답의 수준이나 설명이 달라질 수 있습니다.

어떤 GPT는 그림을 그려서 설명해 줄 수도 있기 때문에 다양한 인공지능을 이용해서 나에게 맞는 것을 찾아보세요.

각자 장단점이 있기 때문에 많은 질문을 하면서 친구처럼 선생님처럼 설명해 줄 GPT를 고르고 다른 GPT들도 함께 이용하며 더 많은 것을 배워 보세요. 질문을 하면 할수록 여러분의 실력도 같이 늘어갈 것입니다.

이때 중요한 것은 여러분이 알고 있는 것을 한 번 더 확인하고, 중학교 수학에 대해 호기심을 갖고 궁금한 것들을 모두 질문하며 대답을 통해 이해하는 것입니다.

만약 도형을 공부하기 시작했다면 도형의 개념과 정의, 도형의 요소(점,선,면부터) 등이 여러분이 알고 있는 것과 의미가 같은지를 파악하는 것은 중요하다는 것을 기억해야 해요.

이제 교점과 교선에 대해서도 챗GPT에게 질문해 보겠습니다.

교점과 교선에 대해 알아봅시다!

교점과 교선이란?

교점과 **교선**은 기하학에서 두 도형이나 선이 만나는 부분을 나타내는 용어입니다. 마치 길이 서로 만나는 교차로처럼 생각하면 쉽게 이해할 수 있어요.

- **교점 (Intersection Point):** 두 개 이상의 선이나 도형이 서로 만나는 점을 의미합니다.
- **교선 (Line of Intersection):** 두 개의 면이 만날 때 생기는 선을 의미합니다.

좀 더 자세히 알아볼까요?

교점

- **예시:**
  - 두 직선이 만나는 점
  - 원과 직선이 만나는 점
  - 두 원이 만나는 점
  - 다각형의 변들이 만나는 점 (꼭짓점)
- **일상생활에서의 예시:**
  - 지도에서 두 도로가 만나는 지점
  - 시계에서 시침과 분침이 만나는 지점

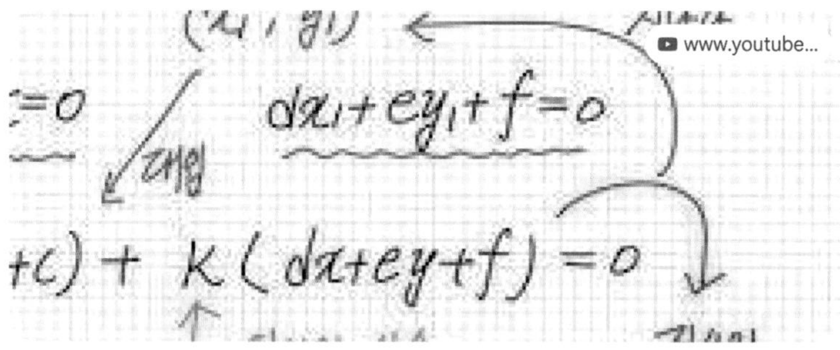

교점 예시: 두 직선의 교점, 원과 직선의 교점

교선

- **예시:**
  - 두 평면이 만나는 선
  - 입체도형에서 두 면이 만나는 선 (모서리)
- **일상생활에서의 예시:**
  - 두 장의 종이를 겹쳐 놓았을 때 생기는 접히는 선
  - 건물에서 두 벽이 만나는 선

교선 예시: 두 평면이 만나 생기는 교선, 입체도형의 모서리

왜 교점과 교선을 배우는 걸까요?

- **도형의 성질 이해:** 도형의 모양과 크기를 파악하는 데 중요한 역할을 합니다.
- **문제 해결:** 기하학 문제를 해결하는 데 필수적인 개념입니다.
- **공간 구성:** 입체도형을 이해하고 분석하는 데 도움을 줍니다.

좀 더 깊이 들어가 볼까요?

- **특수한 경우:**
  - 평행한 직선: 교점이 없습니다.
  - 일치하는 직선: 무수히 많은 교점이 있습니다.
  - 평행한 평면: 교선이 없습니다.
  - 일치하는 평면: 무수히 많은 교선이 있습니다.
- **3차원 공간:** 3차원 공간에서는 선과 면, 면과 면뿐만 아니라, 면과 입체도형, 입체도형과 입체도형 사이의 교점과 교선을 생각할 수 있습니다.

궁금한 점이 있으신가요?

- **더 자세한 설명:** 특정 개념이나 문제에 대해 더 깊이 알고 싶으시면 언제든지 질문해주세요.
- **다른 예시:** 다른 종류의 도형이나 상황에서의 교점과 교선에 대한 예시를 원하시면 말씀해주세요.
- **활용:** 교점과 교선이 실생활이나 다른 학문 분야에서 어떻게 활용되는지 궁금하시면 알려주세요.

다음과 같은 질문을 해볼 수도 있습니다.

- "원과 직선의 교점을 구하는 방법이 궁금해요."
- "입체도형에서 교선을 찾는 문제를 풀고 싶어요."
- "교점과 교선의 개념이 건축이나 디자인에 어떻게 활용되나요?"

어떤 부분이 궁금하신가요?

이미지에 대해:

- 더 다양한 이미지를 원하시면 구체적으로 요청해주세요.
- 이미지를 통해 설명하고 싶은 부분이 있다면 알려주세요.

어떤 도움이 필요하신가요?

챗GPT가 알려 주는 교점과 교선입니다. 위의 챗GPT는 그림 이미지가 2개 보이는데, 클릭하면 블로그와 유튜브와 연결되어 도형 그림들과 함께 이해할 수 있도록 해주고 있습니다.

아직 챗GPT는 능숙하게 그림까지 그려주지는 못하고 있기 때문에 개념과 원리 등을 알게 되었다면 포털을 이용해 그림(이미지)를 찾아보는 것도 좋은 학습 방법입니다.

이제 다시 챗GPT와의 자기 주도 학습으로 돌아와 내가 제대로 이 부분을 이해했는지 확인하기 위해 도형에서 교점과 교선의 개수를 구하는 문제를 만들어 달라고 합니다.

삼각형의 교점과 교선 개수에 대한 답변

삼각형은 평면 도형이므로 교선은 존재하지 않습니다. 교선은 두 개의 면이 만날 때 생기는 선이기 때문입니다.

삼각형의 교점은 어떤 교점을 의미하는지에 따라 달라집니다.

- **변과 변의 교점:** 삼각형의 변들은 서로 만나 꼭짓점을 이룹니다. 따라서 삼각형의 변과 변의 교점은 **3개**입니다.
- **내심, 외심, 무게중심 등:** 삼각형 내부에는 내심, 외심, 무게중심과 같은 특수한 점들이 존재하며, 이들을 교점이라고 볼 수 있습니다. 하지만 일반적으로 교점이라고 할 때는 변과 변의 교점을 의미합니다.

따라서 삼각형에서 일반적으로 말하는 교점의 개수는 3개이고, 교선은 존재하지 않습니다.

좀 더 자세한 설명

- **삼각형의 성질:** 삼각형은 세 개의 변으로 이루어진 평면 도형입니다. 각 변은 서로 다른 두 점에서 만나 꼭짓점을 이루며, 이 꼭짓점들이 바로 변과 변의 교점입니다.
- **교선의 정의:** 교선은 두 개의 면이 만날 때 생기는 선입니다. 삼각형은 평면 도형이므로 면이 두 개 이상 존재하지 않아 교선이 생길 수 없습니다.

다른 도형의 교점과 교선

- **사각형:** 사각형의 경우도 변과 변의 교점은 꼭짓점이 되며, 일반적으로 4개의 교점이 있습니다.
- **입체도형:** 정육면체와 같은 입체도형에서는 면과 면이 만나 모서리(교선)를 이루고, 모서리와 모서리가 만나 꼭짓점(교점)을 이룹니다.

궁금한 점이 있다면 언제든지 질문해주세요.

- **다른 도형의 교점과 교선:** 다른 도형의 교점과 교선에 대해 궁금하다면 질문해주세요.

- **심화 내용:** 교점과 교선에 대한 더 심화된 내용을 알고 싶다면 질문해주세요.
- **응용 문제:** 교점과 교선을 이용한 문제를 풀고 싶다면 문제를 제시해주세요.

#삼각형 #교점 #교선 #기하학 #수학

교점과 교선의 정의를 이해했다면 삼각형은 교점은 3개이고, 교선은 없다는 것을 알게 되었습니다. 위의 답변이 이해가 가나요?

여기서 삼각형의 외심과 내심, 무게중심은 중학교 2학년 과정이므로 궁금하면 이에 대해 찾으시면 됩니다. 가끔은 중학교 1학년 과정을 벗어난 2, 3학년 과정이 나타나기도 합니다. 이런 경우 당황하지 말고 챗GPT가 알려준 중 2, 3학년 과정의 용어를 한 번 읽고 지나가도 됩니다. 이렇게 한 번 봐두기만 해도 훗날 도움이 될 수 있거든요.

중학교 1학년 과정에만 집중하고 싶다면 챗GPT에게 중학교 1학년 내용만 알려달라고 명령하는 것도 좋은 방법입니다. 중단원의 제목에 있는 수학 용어인지 비교하면 당장 필요한 용어인지 가릴 수 있게 됩니다.

이번에는 입체도형 중 직육면체는 교점과 교선이 몇 개인지 챗GPT에게 물어볼까요?

직육면체의 교점과 교선의 개수는 몇 개인가요?

직육면체의 교점과 교선

직육면체에서 교점과 교선의 개수는 다음과 같습니다.

- **교점:** 직육면체의 꼭짓점을 의미합니다. 꼭짓점은 모서리들이 만나는 점이

죠. 직육면체에는 총 8개의 꼭짓점이 있으므로, **교점의 개수는 8개**입니다.

- **교선:** 직육면체의 모서리를 의미합니다. 모서리는 두 면이 만나는 선이죠. 직육면체에는 총 12개의 모서리가 있으므로, **교선의 개수는 12개**입니다.

좀 더 쉽게 설명하자면,

- **교점:** 직육면체의 네 귀퉁이에 있는 점들이 모두 교점입니다.
- **교선:** 직육면체를 이루는 선들이 모두 교선입니다. 즉, 직육면체의 각 변이 모두 교선이라고 할 수 있습니다.

다른 입체도형의 경우에도 꼭짓점이 교점, 모서리가 교선에 해당합니다.

예를 들어, 정육면체도 직육면체의 특별한 경우이므로 교점은 8개, 교선은 12개입니다.

요약하면,

- **직육면체의 교점:** 8개
- **직육면체의 교선:** 12개

이해가 잘 안 되시면 다시 질문해주세요.

다른 질문 예시:

- 다른 입체도형의 교점과 교선은 어떻게 구하나요?
- 교점과 교선의 개념을 더 자세히 설명해주세요.
- 교점과 교선을 구하는 문제를 풀어볼 수 있나요?

이 외에도 궁금한 점이 있다면 언제든지 물어보세요.

교점과 교선의 정의를 기억한다면 알 수 있는 문제였습니다. 혹시 더 많은 것을 알고 싶으면 챗GPT에게 도형의 교점과 교선의 개수 문제의 생성을 부탁하면 됩니다.

이번에는 수직과 수선에 대해 알아보도록 하겠습니다.

수직과 수선에 대한 자세한 설명

수직과 **수선**은 기하학에서 자주 사용되는 개념으로, 두 직선이 서로 만날 때 이루는 각도와 관련된 용어입니다.

수직

- **두 직선이 만나 이루는 각이 90° (직각)일 때 ,이 두 직선은 서로 수직이라고 합니다.**
- 쉽게 말해, 두 직선이 완전히 똑바로 만나는 모습을 떠올리면 됩니다.
- **수직 기호:** ⊥ (예: 직선 l과 m이 수직일 때, l ⊥ m)

수선

- **한 직선에서 다른 직선에 이르는 가장 짧은 거리의 선분을 수선이라고 합니다.**
- 즉, 두 직선이 수직으로 만날 때, 그 선분을 수선이라고 부릅니다.
- **수선의 발:** 수선이 다른 직선과 만나는 점을 수선의 발이라고 합니다.

수직과 수선의 관계

- **두 직선이 수직이면, 한 직선은 다른 직선의 수선이 됩니다.**
- **반대로, 한 직선이 다른 직선의 수선이면, 두 직선은 수직입니다.**

예시

- **책상 다리와 바닥:** 책상 다리와 바닥은 수직으로 만납니다.
- **학교 운동장의 축구 골대:** 골대의 기둥과 땅은 수직입니다. 골대의 윗 가로대에서 땅까지 수직으로 내린 선은 수선이 됩니다.

왜 수직과 수선을 배우나요?

- **건축:** 건물을 지을 때 수직과 수선의 개념을 이용하여 건물이 안정하게 서 있도록 합니다.

- **도형:** 다양한 도형의 성질을 파악하고 증명하는 데 필수적인 개념입니다.
- **일상생활:** 우리 주변의 많은 물건들이 수직과 수선의 원리를 적용하여 만들어졌습니다.

좀 더 자세히 알고 싶다면?

- **수직이등분선:** 한 선분의 중점을 지나면서 그 선분에 수직인 직선
- **수선의 발:** 수선이 다른 직선과 만나는 점
- **수직과 평행의 비교:** 수직은 두 직선이 직각으로 만나는 관계이고, 평행은 두 직선이 서로 만나지 않는 관계입니다.

궁금한 점이 있다면 언제든지 질문해주세요.

예를 들어, 다음과 같은 질문을 해볼 수 있습니다.

이번에는 직선, 반직선, 선분에 대해 '초등학생이 이해하게'라는 조건을 붙여서 질문하겠습니다. 이미 초등학교 3학년 때 배운 부분이지만 구분이 쉽지 않은 용어이기 때문에 확실하게 개념을 이해하기 위해서입니다.

혹시나 이해하고 있다면 '초등학생이 이해하게'라는 문구를 빼고 '직선, 반직선, 선분에 대해 알려 주세요.'라고 직접적인 질문을 통해 답을 구해도 됩니다.

직선, 반직선, 선분에 대해 초등학생이 이해하게 설명해 주세요

물론이죠! 쉽게 설명해 드릴게요:

1. **직선 (Line):** 직선은 양쪽으로 끝없이 뻗어 있는 선이에요. 시작점도 끝점도 없고, 언제까지나 계속 이어져요. 예를 들어, 하늘과 바다의 경계선처럼 말이죠.
2. **반직선 (Ray):** 반직선은 한쪽 끝은 고정되어 있지만, 다른 쪽은 끝없이 뻗어 있는 선이에요. 예를 들어, 손전등에서 나오는 빛처럼 하나의 시작점이 있지만 계속 뻗어 나가요.
3. **선분 (Line Segment):** 선분은 양쪽 끝이 있는 선이에요. 즉, 시작점과 끝점이 정해져 있어요. 예를 들어, 책상 모서리처럼 두 점을 잇는 선이죠.

이해가 되나요? 😊 간단하게 그림으로도 표현하면 더 쉽게 이해할 수 있을 거예요! 다른 궁금한 점이 있으면 언제든지 물어보세요.

직선과 반직선, 선분이 구분되나요? 이 개념은 기본도형을 이루는 요소인 만큼 중요합니다. 직선 AB는 $\overleftrightarrow{AB}$로, 반직선 AB는 $\overrightarrow{AB}$로, 선분 AB는 $\overline{AB}$로 표기하는 것도 꼭 기억해 두어야 합니다.

이때 한 가지 중요한 것은 반직선에서 $\overrightarrow{AB}$는 $\overrightarrow{BA}$와 다르다는 것입니다.

$\overrightarrow{AB}$는 시작점이 A이고 B방향으로 끝없이 나아갑니다. 그러나 $\overrightarrow{BA}$는 시작점이 B이고 A방향으로 끝없이 나아가는 것이므로 다른 것이라는 사실을 기억하세요.

계속해서 여러분은 각이라는 용어를 알고 있으며 그것이 무엇인지도 알고 있을 것입니다. 그렇지만 각은 도형에서 매우 중요한 만큼 이번 기회에 각의 정의를 확실하게 알아보려고 합니다. 챗GPT는 각에 대해 다음과 같이 설명해 줍니다.

각에 대해 설명해 주세요.

각은 한 점에서 시작한 두 개의 반직선이 이루는 도형입니다. 주요 구성 요소는 다음과 같습니다:

1. **각의 꼭짓점**: 두 개의 반직선이 만나는 점입니다.
2. **각의 변**: 각을 이루는 두 개의 반직선입니다.
3. **각의 크기**: 각을 이루는 두 변 사이의 벌어진 정도를 각도라고 하며, °(도)를 사용하여 측정합니다.

각의 기본 유형은 다음과 같습니다:

- **직각**: 각도가 90°인 각.
- **예각**: 각도가 0°에서 90° 사이인 각.
- **둔각**: 각도가 90°에서 180° 사이인 각.
- **평각**: 각도가 180°인 각.

또 다른 질문이 있으신가요? 😊

챗GPT가 설명해 준 각의 개념입니다. 두 반직선이 한 점에서 시작하여 두 개의 반직선으로 이루어진 도형으로 정의했군요. 그런데 각이 도형이라고요?

챗GPT는 각의 정의를 설명하면서 정의에 '도형'이라는 단어를 넣었습니다. 이를 통해 우리는 각이 도형의 한 종류인 것을 알 수 있습니다.

또한 각은 크기에 따라 예각, 직각, 평각, 둔각의 4가지로 나뉘는 것도 알게 되었습니다.

두 개의 직선 관계에서 생기는 각 중에서 많이 등장하는 것은 맞꼭지각과 동위각, 엇각입니다. 이 세 개의 각에 대해 다음과 같이 챗GPT에게 질문했습니다.

맞꼭지각과 동위각,엇각을 설명해 주세요.

맞꼭지각, 동위각, 엇각에 대한 자세한 설명

맞꼭지각

- **정의:** 두 직선이 한 점에서 만날 때, 서로 마주 보는 각을 맞꼭지각이라고 합니다.
- **특징:** 맞꼭지각의 크기는 항상 같습니다.
- **예시:**
  - 교차로에서 신호등이 있는 네 개의 모서리 각이 모두 맞꼭지각입니다.
  - 가위를 벌렸을 때 생기는 두 쌍의 각도 맞꼭지각입니다.

동위각

- **정의:** 두 직선이 다른 한 직선과 만날 때, 같은 위치에 있는 각을 동위각이라고 합니다.
- **특징:**

    - 두 직선이 평행할 때 동위각의 크기는 같습니다.
    - 평행하지 않은 두 직선의 동위각은 크기가 다릅니다.
- **예시:**
    - 기차 레일과 횡단보도 선이 만나는 모습을 생각해 보세요. 같은 위치에 있는 각들이 동위각입니다.

엇각

- **정의:** 두 직선이 다른 한 직선과 만날 때, 엇갈린 위치에 있는 각을 엇각이라고 합니다.
- **특징:**
    - 두 직선이 평행할 때 엇각의 크기는 같습니다.
    - 평행하지 않은 두 직선의 엇각은 크기가 다릅니다.
- **예시:**
    - 지그재그 모양의 길에서 두 직선이 다른 직선과 만나는 모습을 상상해 보세요. 엇갈린 위치에 있는 각들이 엇각입니다.

요약

용어	설명	특징
맞꼭지각	두 직선이 한 점에서 만나 서로 마주 보는 각	크기가 항상 같음
동위각	두 직선이 다른 한 직선과 만나 같은 위치에 있는 각	두 직선이 평행할 때 크기가 같음
엇각	두 직선이 다른 한 직선과 만나 엇갈린 위치에 있는 각	두 직선이 평행할 때 크기가 같음

Sheets로 내보내기

왜 중요한가요?

맞꼭지각, 동위각, 엇각의 개념은 도형의 성질을 파악하고 문제를 해결하는 데 매우 중요합니다. 특히, 평행선과 관련된 문제를 풀 때 자주 활용됩니다. 예를 들어, 삼각형의 내각의 합이 180°라는 것을 증명하거나, 평행사변형의 성질을 설명할 때 이러한 개념이 사용됩니다.

더 궁금한 점이 있으신가요?

- **예시 문제:** 맞꼭지각, 동위각, 엇각을 찾아 크기를 구하는 문제를 풀어보고 싶으시면 알려주세요.
- **심화 내용:** 평행선과 관련된 다른 개념이나 정리에 대해 더 알고 싶으시면 질문해주세요.
- **다른 개념과의 연관성:** 이 개념들이 다른 도형이나 수학 분야와 어떻게 연결되는지 궁금하시면 설명해 드리겠습니다.

이미지와 함께 설명하면 더욱 이해하기 쉽겠죠? 원하시면 그림을 첨부해서 설명해 드릴 수 있습니다.

어떤 부분이 궁금하신가요?

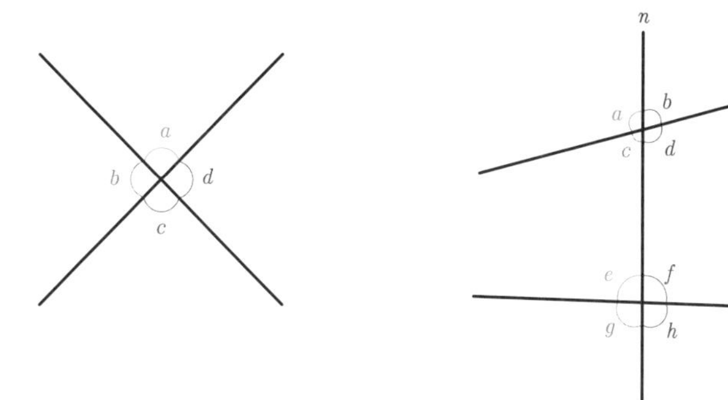

$\angle a$와 $\angle c$, $\angle b$와 $\angle d$는 맞꼭지각.

$\angle a$와 $\angle e$, $\angle b$와 $\angle f$, $\angle c$와 $\angle g$,
$\angle d$와 $\angle h$는 동위각.
$\angle c$와 $\angle f$, $\angle d$와 $\angle e$ 엇각.

그림도 같이 보면 이해가 빠를 것입니다. 두 개의 나란한 평행선 l과 m에서 동위각 $\angle a$와 $\angle e$, $\angle b$와 $\angle f$, $\angle c$와 $\angle g$,$\angle \mathrm{d}$와 $\angle h$ 등의 4개의 쌍은 서로 같습니다. 엇각도 $\angle c$와 $\angle f$, $\angle d$와 $\angle e$가 마찬가지로 같습니다.

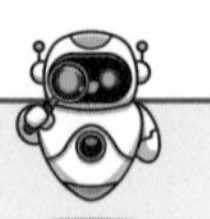

그러면 이번에는 위치관계에 대해 알아보겠습니다. 평면을 먼저 생각해 볼까요?

기본도형에는 직접 그려보면서 확인하지 않으면 자주 잊어버리는 위치관계라는 중단원이 있습니다. 평면과 공간에서 두 직선이나 직선과 평면, 평면과 평면의 관계를 파악하도록 하는 내용으로 이루어져 있습니다. 이것을 구구단처럼 외우기는 쉽지 않습니다. 하지만 직접 그려보면 이해가 쉽게 될 것입니다. 그러니 그려보면서 천천히 생각해 보세요. 이해와 도형의 연상이 동시에 될 것입니다.

이제 평면에서 두 직선의 위치관계에 대해 챗GPT에게 질문해 보겠습니다.

평면에서 두 직선의 위치관계에 대해 설명해 주세요.

✦ 평면에서 두 직선의 위치 관계

평면 위에 있는 두 직선은 크게 세 가지 위치 관계를 가집니다.

1. 한 점에서 만난다.

- 가장 일반적인 경우입니다. 두 직선이 한 평면 위에서 단 한 점에서 만날 때 해당합니다.
- 이때, 만나는 점을 **교점**이라고 합니다.
- 예시: 두 개의 선분이 서로 다른 끝점에서 만나는 경우

2. 평행하다.

- 두 직선이 서로 만나지 않고 항상 같은 거리를 유지하며 뻗어나갈 때 평행하다고 합니다.
- 평행한 직선은 아무리 연장하더라도 절대로 만나지 않습니다.
- 기호: // (예: l // m)

- 예시: 기차 레일, 노트의 줄

3. 일치한다.

- 두 직선이 완전히 겹쳐져서 하나의 직선처럼 보일 때 일치한다고 합니다.
- 사실상 같은 직선이라고 볼 수 있습니다.
- 예시: 한 직선을 두 번 그렸을 때

정리하면, 평면 위의 두 직선은 **만나거나 평행하거나 일치**하는 세 가지 경우 중 하나입니다.

추가 설명:

- **교점:** 두 직선이 만나는 점을 교점이라고 합니다.
- **평행선:** 서로 만나지 않는 두 직선을 평행선이라고 합니다.
- **일치하는 직선:** 완전히 겹쳐져 있는 두 직선을 일치하는 직선이라고 합니다.

일상생활에서의 예시:

- **한 점에서 만난다:** 가위를 벌렸을 때 두 날이 만나는 부분, 도로가 교차하는 지점
- **평행하다:** 기차 레일, 책장의 선반, 노트의 줄
- **일치한다:** 같은 선을 두 번 그렸을 때

더 궁금한 점이 있으시면 언제든지 질문해주세요.

- **예를 들어,** 다음과 같은 질문을 할 수 있습니다.
  - "평행선의 성질은 무엇인가요?"
  - "두 직선이 일치할 때 어떤 특징이 있나요?"
  - "평면에서 두 직선의 위치 관계를 구하는 문제를 풀어볼 수 있을까요?"

이미지:

- 각 경우에 대한 이미지를 함께 보여주면 이해가 더 쉽게 될 것입니다.

참고:

- 위 내용은 중학교 수학에서 배우는 기본적인 내용입니다. 고등학교 수학에서는 더 심화된 내용을 다루게 됩니다.
- 평면에서의 두 직선의 위치 관계는 기하학에서 매우 중요한 개념이며, 다양한 문제 해결에 활용됩니다.

어떤 부분을 더 자세히 알고 싶으신가요?

평면에서 두 직선의 위치관계를 1.한 점에서 만난다, 2.평행하다, 3.일치한다의 세 가지로 설명하고 있습니다. 그림으로 나타내면 다음과 같습니다.

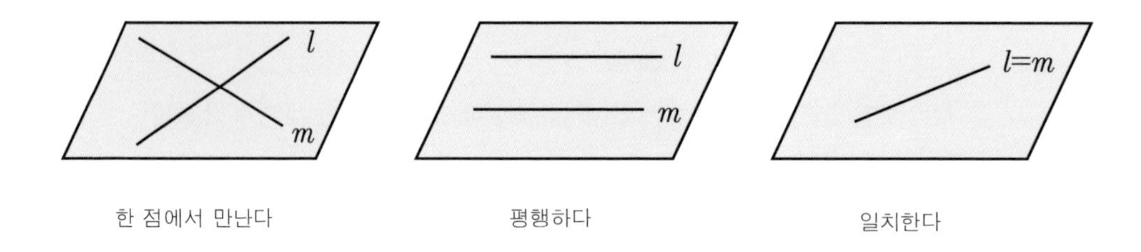

한 점에서 만난다 평행하다 일치한다

그림에서 두 개의 직선은 l과 m으로 나타냈습니다. 보통 서로 다른 두개의 직선을 나타낼 때 l과 m으로 많이 나타냅니다. 참고적으로 세 개의 서로 다른 직선은 l, m, n으로 나타내니 알파벳 순으로 나타낸다고도 할 수 있습니다.

이번에는 공간에서 두 직선의 위치관계를 챗GPT에게 질문하겠습니다.

공간에서 두 직선의 위치관계를 설명해 주세요.

공간에서 두 직선은 서로 어떤 위치에 놓여 있는지에 따라 크게 네 가지의 위치 관계를 가집니다.

1. 한 점에서 만난다

두 직선이 정확히 한 점에서 교차하는 경우입니다. 마치 두 길이 한 교차로에서 만나는 것과 같습니다.

2. 평행하다

두 직선이 서로 만나지 않고 항상 같은 간격을 유지하며 뻗어나가는 경우입니다. 기차 레일처럼 쭉 뻗어 있는 모습을 상상하면 쉬워요.

3. 일치한다

두 직선이 완전히 겹쳐져서 하나의 직선처럼 보이는 경우입니다. 마치 같은 길 위를 두 대의 차가 나란히 달리는 것과 같아요.

4. 꼬인 위치

두 직선이 서로 만나지도 않고 평행하지도 않으며, 서로 다른 평면 위에 있을 때입니다. 꼬인 실타래를 상상하면 이해하기 쉬울 거예요.

각 위치 관계에 대한 자세한 설명

- **한 점에서 만나는 경우:** 가장 흔하게 볼 수 있는 경우로, 두 직선이 교차하는 경우입니다.
- **평행한 경우:** 두 직선이 서로 만나지 않고 계속해서 같은 방향으로 뻗어나가는 경우입니다.
- **일치하는 경우:** 두 직선이 완전히 겹쳐져서 하나의 직선처럼 보이는 경우입니다.
- **꼬인 위치인 경우:** 두 직선이 서로 다른 평면 위에 있어서 절대 만날 수 없는 경우입니다.

두 직선의 위치 관계를 판단하는 방법

- **방정식:** 두 직선의 방정식을 연립하여 해의 개수를 통해 위치 관계를 판단할 수 있습니다.
  - 해가 하나 존재하면 한 점에서 만난다.
  - 해가 무수히 많으면 일치한다.
  - 해가 없으면 평행하거나 꼬인 위치이다.
- **기울기:** 평면에서 두 직선의 기울기를 비교하여 위치 관계를 판단할 수 있습니다.

왜 두 직선의 위치 관계를 알아야 할까요?

- **도형의 성질 파악:** 다양한 도형의 성질을 파악하고 증명하는 데 필요합니다.
- **공간좌표 시스템:** 3차원 공간에서 점, 직선, 평면의 위치를 나타내고 계산하는 데 활용됩니다.
- **다양한 분야의 문제 해결:** 건축, 엔지니어링, 컴퓨터 그래픽 등 다양한 분야에서 공간에서 두 직선의 위치 관계를 파악하는 것이 중요합니다.

더 궁금한 점이 있다면 언제든지 질문해주세요!

예를 들어, 다음과 같은 질문을 해볼 수 있습니다.

- 두 직선의 방정식을 이용해서 위치 관계를 어떻게 판별할 수 있나요?
- 꼬인 위치에 있는 두 직선을 어떻게 구분할 수 있나요?
- 공간에서 세 직선의 위치 관계는 어떻게 나타낼 수 있나요?

다양한 질문에 성심껏 답변해 드리겠습니다.

공간에서 두 직선의 위치관계는 4가지가 있습니다. 1.한 점에서 만난다, 2. 평행하다, 3. 일치한다, 4. 꼬인 위치에 있다 입니다.

평면에서의 위치관계보다 꼬인 위치에 있는 것 하나가 더 늘어난 것을 알 수 있습니다. 이때는 꼬인 위치를 잘 기억하면 됩니다. 그림은 다음과 같습니다.

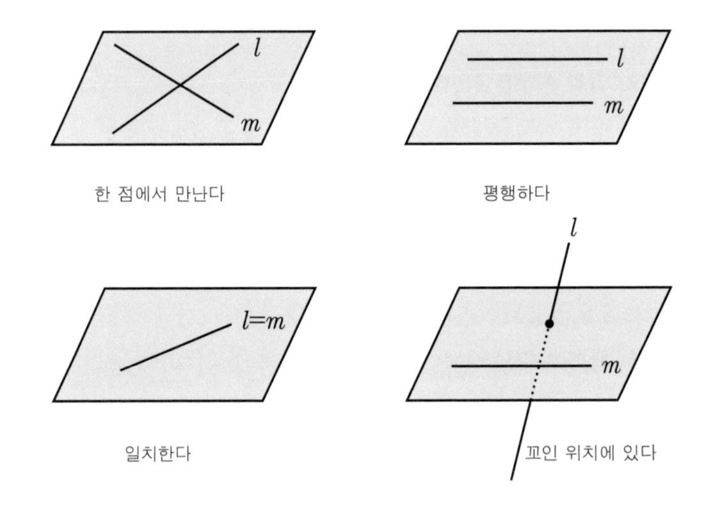

공간에서 두 직선의 위치관계에 관한 간단한 문제를 챗GPT에게 질문하겠습니다.

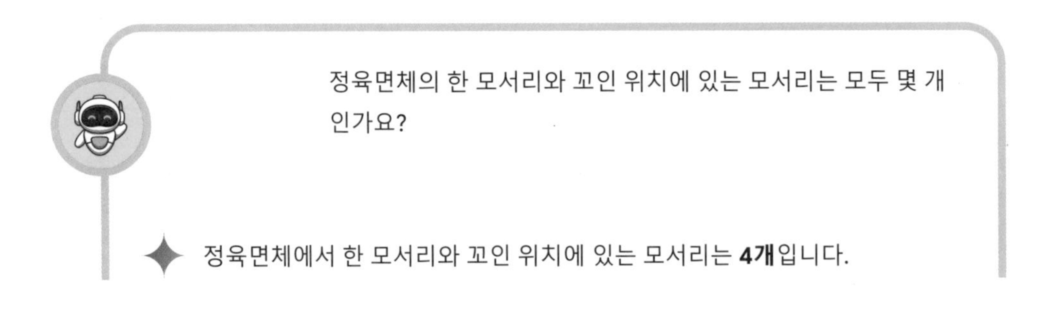

정육면체의 한 모서리와 꼬인 위치에 있는 모서리는 모두 몇 개인가요?

정육면체에서 한 모서리와 꼬인 위치에 있는 모서리는 **4개**입니다.

꼬인 위치란 두 직선이 서로 만나지도 않고 평행하지도 않은 관계를 말합니다. 정육면체에서 한 모서리를 기준으로 생각했을 때, 이 모서리와 만나거나 평행한 모서리를 제외한 나머지 모서리들이 모두 꼬인 위치에 있게 됩니다.

예시: 정육면체의 앞면 아래쪽 모서리를 기준으로 생각해 봅시다. 이 모서리와 꼬인 위치에 있는 모서리는 바로 옆면의 위쪽 모서리, 뒷면의 왼쪽 모서리, 그리고 뒷면의 오른쪽 모서리 총 4개입니다 .

정리:

- **꼬인 위치:** 서로 만나지도 않고 평행하지도 않은 관계
- **정육면체 한 모서리와 꼬인 위치에 있는 모서리:** 4개

더 궁금한 점이 있다면 언제든지 질문해주세요.

- 정육면체의 다른 성질에 대해 알고 싶으신가요?
- 다른 다면체에서 꼬인 위치에 대한 개념을 더 자세히 알고 싶으신가요?
- 관련된 문제를 풀어보고 싶으신가요?

다양한 질문에 성심껏 답변해 드리겠습니다.

그림으로 정육면체를 나타냈습니다. 색깔로 단순히 문제에 대한 답변을 이해하려면 보라색 모서리와 4가지 색 모서리를 보면 됩니다.

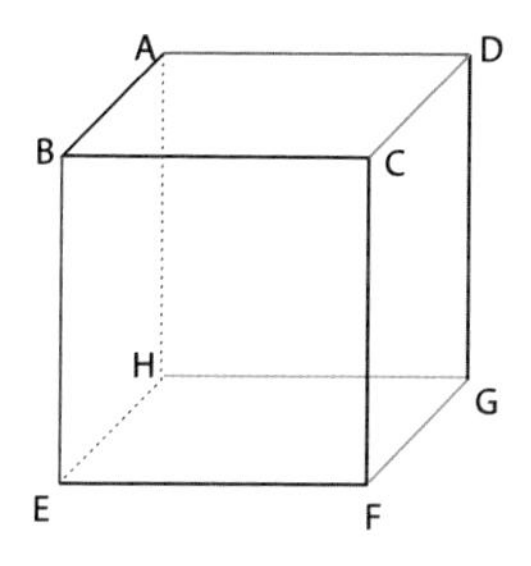

즉 모서리 BE와 꼬인 위치에 있는 모서리는 모서리 AD, 모서리 CD, 모서리 HG, 모서리 FG입니다.

세 번째로는 공간에서 직선과 평면의 위치관계가 있습니다.

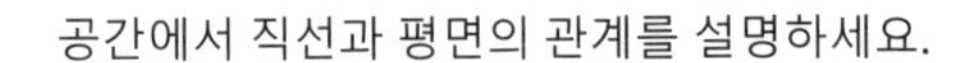

✦ 공간에서 직선과 평면의 관계

공간에서 직선과 평면은 다양한 위치 관계를 가질 수 있습니다. 우리가 살고 있는 세상은 3차원 공간이기 때문에, 직선과 평면은 2차원 평면에서 보는 것보다 더 복잡한 관계를 나타냅니다.

1. 직선이 평면에 포함될 때

- 가장 간단한 경우로, 직선이 평면 위에 완전히 포함되어 있는 경우입니다. 마치 종이 위에 그려진 선처럼 생각하면 쉽습니다.

2. 직선이 평면과 한 점에서 만날 때

- 직선이 평면을 뚫고 지나가면서 한 점에서 만나는 경우입니다. 마치 펜으로 종이를 찌르는 모습을 상상해 보세요.

3. 직선과 평면이 평행할 때

- 직선과 평면이 서로 만나지 않고 항상 같은 거리를 유지하는 경우입니다. 마치 기차 레일과 지면의 관계처럼 생각할 수 있습니다.

이 외에도 더 자세한 내용을 알고 싶으시다면 다음과 같은 질문을 해주세요.

- **특정한 경우에 대한 예시:** 어떤 특정한 상황에서 직선과 평면이 어떤 관계를 갖는지 궁금하다면, 구체적인 예시를 들어 설명해 드릴 수 있습니다.
- **수학적인 표현:** 직선과 평면의 관계를 수학적으로 어떻게 표현하는지 궁금하다면, 벡터나 방정식을 이용한 설명을 해 드릴 수 있습니다.
- **다른 도형과의 관계:** 직선과 평면의 관계를 다른 도형 (예: 정육면체, 원기둥 등)과 연관지어 설명해 드릴 수 있습니다.

직선과 평면의 관계는 공간도형을 이해하는 데 매우 중요한 개념입니다. 궁금한 점이 있다면 언제든지 질문해주세요.

혹시 특정한 부분에 대해 더 자세히 알고 싶은 것이 있으신가요?

챗GPT는 3가지의 경우를 설명했습니다. 1. 직선이 평면에 포함되는 경우, 2. 한 점에서 만나는 경우, 3. 평행한 경우입니다. 예시도 쉽게 설명했습니다. 그림은 다음과 같습니다.

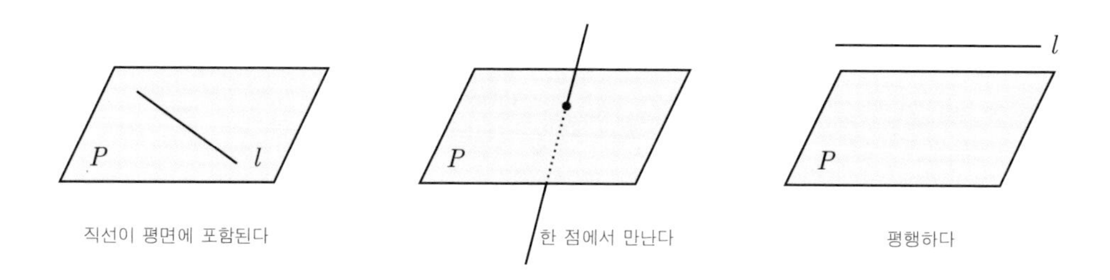

마지막으로 공간에서 평면과 평면의 위치관계에 대해 알아보겠습니다.

평면과 평면의 위치관계에 대해 알려 주세요.

✦ 평면과 평면의 위치 관계

공간 속에서 두 평면은 다음과 같은 세 가지 위치 관계를 가질 수 있습니다.

1. 한 직선에서 만나는 경우 (교선을 갖는 경우)

- **교선:** 두 평면이 만나는 부분은 항상 직선의 형태를 이룹니다. 이 직선을 **교선**이라고 합니다.
- **예시:** 책의 두 면이 만나는 부분, 상자의 옆면과 윗면이 만나는 부분 등

2. 평행한 경우

- **만나지 않는 경우:** 두 평면이 서로 평행할 때는 어떤 점에서도 만나지 않습니다.
- **예시:** 방의 앞면과 뒷면, 책의 앞뒤 표지 등

3. 일치하는 경우

- **완전히 겹쳐지는 경우:** 두 평면이 완전히 겹쳐져 있을 때입니다.
- **예시:** 같은 종이 위의 두 면

정리하면,

위치 관계	설명	예시
한 직선에서 만남	두 평면이 교선을 가짐	책의 두 면
평행	두 평면이 만나지 않음	방의 앞면과 뒷면
일치	두 평면이 완전히 겹쳐짐	같은 종이 위의 두 면

평면의 위치 관계를 결정하는 방법

- **평면의 방정식:** 각 평면의 방정식을 구하여 비교합니다.
- **법선 벡터:** 각 평면의 법선 벡터를 비교합니다. 법선 벡터가 평행하면 두 평면은 평행하거나 일치하고, 법선 벡터가 서로 수직이면 두 평면은 수직입니다.

더 궁금한 점이 있으시면 언제든지 질문해주세요.

- **예시 질문:**
  - 평면의 방정식을 이용하여 두 평면의 위치 관계를 어떻게 구하나요?
  - 법선 벡터란 무엇이며, 왜 평면의 위치 관계를 결정하는 데 사용되나요?
  - 실생활에서 평면의 위치 관계를 활용하는 예시가 있나요?

다음과 같은 내용을 추가하여 설명을 더욱 풍부하게 만들 수 있습니다.

- **시각적인 자료:** 다양한 그림이나 애니메이션을 활용하여 평면의 위치 관계를 시각적으로 보여줍니다.
- **수학적 증명:** 간단한 수학적 증명을 통해 개념을 더욱 깊이 이해하도록 돕습니다.
- **응용 분야:** 건축, 디자인, 컴퓨터 그래픽 등 다양한 분야에서 평면의 위치 관계가 어떻게 활용되는지 설명합니다.

어떤 부분을 더 자세히 알고 싶으신가요?

공간에서 평면과 평면의 위치관계는 1. 한 직선에서 만나다, 2. 평행하다, 3.일치한다의 3가지가 있습니다. 그림은 다음과 같습니다.

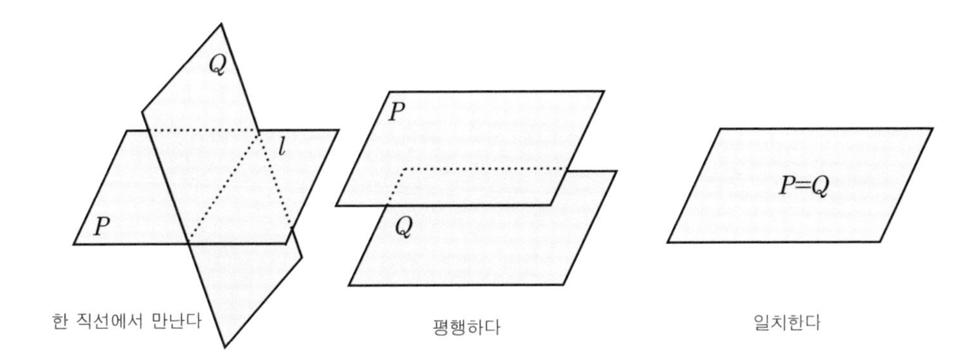

계속해서 이번에는 작도와 합동에 대해 알아보겠습니다. 이 부분에 들어가기 전에 작도와 합동에 대해 챗GPT에게 어떤 내용을 배우는지 질문하겠습니다.

중 1 수학의 작도와 합동에 대해 설명해 주세요.

중1 수학 작도와 합동, 자세히 알아볼까요?

작도란 무엇일까요?

작도는 자와 컴퍼스만을 이용하여 도형을 그리는 활동이에요. 정확한 도형을 그리기 위해 필요한 기본적인 도형 작도 방법들을 배우게 될 거예요.

왜 작도를 배우는 걸까요?

- **도형의 기본 원리 이해:** 작도를 통해 도형의 기본적인 성질과 구성 요소를 이해할 수 있어요.
- **정확한 도형 그리기:** 자와 컴퍼스를 이용하여 정확한 도형을 그리는 방법을 익힐 수 있어요.
- **논리적 사고력 향상:** 작도 과정에서 논리적인 사고력과 문제 해결 능력을 키울 수 있어요.

합동이란 무엇일까요?

합동은 두 도형이 모양과 크기가 완전히 같아서 포개었을 때 겹쳐지는 것을 의미해요. 마치 똑같은 도장을 찍은 것처럼 완벽하게 일치하는 거죠.

작도와 합동의 관계

작도를 통해 합동인 도형을 만들 수 있어요. 예를 들어, 한 변의 길이가 같은 정삼각형 두 개를 작도하면 두 삼각형은 서로 합동이 되는 거죠.

삼각형의 합동 조건

삼각형이 합동이라고 말하려면 어떤 조건을 만족해야 할까요?

- **SSS 합동:** 세 쌍의 대응변의 길이가 각각 같을 때
- **SAS 합동:** 두 쌍의 대응변의 길이가 각각 같고, 그 끼인각의 크기가 같을 때
- **ASA 합동:** 한 쌍의 대응변의 길이가 같고, 그 양 끝각의 크기가 각각 같을 때

작도 예시

- **선분 작도:** 주어진 길이의 선분을 작도하는 방법
- **각 작도:** 주어진 크기의 각을 작도하는 방법
- **수직이등분선 작도:** 한 선분을 두 개의 같은 길이로 나누는 선을 작도하는 방법
- **각의 이등분선 작도:** 한 각을 두 개의 같은 크기로 나누는 선을 작도하는 방법
- **삼각형 작도:** 주어진 조건에 맞는 삼각형을 작도하는 방법 (예: 세 변의 길이, 두 변의 길이와 그 끼인각 등)

궁금한 점은?

작도와 합동에 대해 더 궁금한 점이 있다면 언제든지 질문해주세요.

- **특정 작도 방법**에 대해 더 자세히 알고 싶다면?
- **합동 조건**에 대한 예시를 더 보고 싶다면?
- **작도 문제**를 풀 때 어려움을 겪고 있다면?

예시 문제:

1. 한 변의 길이가 5cm인 정삼각형을 작도해 보세요.
2. 두 변의 길이가 각각 4cm, 6cm이고, 그 끼인각이 60°인 삼각형을 작도해 보세요.
3. 다음 두 삼각형이 합동인지 아닌지 판별하고, 그 이유를 설명해 보세요. (그림 첨부)

함께 풀어보면서 작도와 합동에 대한 이해를 높여나갈 수 있을 거예요!

팁:

- 작도할 때는 정확하게 자와 컴퍼스를 사용하는 것이 중요합니다.
- 각 단계를 차근차근 따라 하면서 작도 과정을 기록해 보세요.
- 다양한 문제를 풀어보면서 작도 실력을 향상시킬 수 있습니다.

어떤 부분부터 시작하고 싶으신가요?

작도에 대해서는 하나하나 챗GPT에게 질문하며 직접 자와 컴퍼스로 그려보는 것이 효과적입니다. 그리고 미리 알려드리지만 작도하는 것은 처음에는 쉽지 않을 수도 있습니다. 그래서 작도하는 그림을 포털 사이트에서 검색하여 순서를 알아두는 것을 추천합니다.

선분의 수직이등분선의 작도에 대해 한 번 챗GPT에게 질문해 보겠습니다.

선분의 수직이등분선의 작도에 대해 알려 주세요.

선분의 수직이등분선 작도

수직이등분선이란 주어진 선분을 똑같이 두 부분으로 나누면서 동시에 그 선분과 **90°**의 각을 이루는 직선입니다. 쉽게 말해, 선분의 중간을 지나면서 선분과 직각을 이루는 선이라고 할 수 있습니다.

작도 방법:

1. **컴퍼스로 두 개의 원 그리기:**
   - 주어진 선분의 양 끝점을 각각 중심으로 하여, **선분의 길이의 절반보다 충분히 큰** 반지름으로 원을 그립니다. 두 원이 서로 만나도록 해야 합니다.
2. **두 원의 교점 연결하기:**

- 두 원이 서로 만나는 두 점을 자를 이용하여 직선으로 연결합니다.

3. **완성:**
   - 이렇게 연결한 직선이 바로 주어진 선분의 수직이등분선입니다.

왜 이렇게 작도하면 수직이등분선이 되는 걸까요?

- **두 원의 성질:** 원 위의 모든 점은 중심에서 같은 거리에 있습니다. 따라서, 두 원이 만나는 점들은 선분의 양 끝점에서 같은 거리에 있게 됩니다.
- **합동인 삼각형:** 선분의 양 끝점과 두 원의 교점을 연결하면 두 개의 합동인 삼각형이 만들어집니다. (세 변의 길이가 각각 같은 SSS 합동)
- **수직:** 합동인 삼각형의 대응하는 각은 같으므로, 선분과 수직이등분선이 이루는 각은 **90°**가 됩니다.
- **이등분:** 수직이등분선은 선분을 두 개의 같은 길이의 선분으로 나누므로 이등분선이 됩니다.

수직이등분선의 활용:

- **삼각형의 외심 찾기:** 삼각형의 세 변의 수직이등분선은 한 점에서 만나는데, 이 점을 외심이라고 합니다.
- **도형의 대칭축:** 수직이등분선은 도형의 대칭축 역할을 하기도 합니다.
- **다른 작도의 기본:** 수직이등분선 작도는 다른 다양한 기하 작도의 기본이 됩니다.

정리:

선분의 수직이등분선은 선분을 똑같이 두 부분으로 나누면서 **90°**의 각을 이루는 직선입니다. 컴퍼스와 자를 이용하여 간단하게 작도할 수 있으며, 기하학에서 다양하게 활용됩니다.

핵심 정리:

- 선분의 수직이등분선은 선분을 똑같이 두 부분으로 나누면서 **90°**로 만나는 직선입니다.
- 작도 방법은 간단합니다. 선분의 양 끝점을 중심으로 같은 반지름의 원을 그리고, 두 원이 만나는 점을 연결하면 됩니다.
- 수직이등분선은 다양한 기하 문제 해결에 활용될 수 있습니다.

이 설명이 선분의 수직이등분선 작도를 이해하는 데 도움이 되었나요? 혹시 더 궁금한 점이 있다면 언제든지 질문해주세요.

위의 내용대로 단계적으로 그리면 다음과 같습니다.

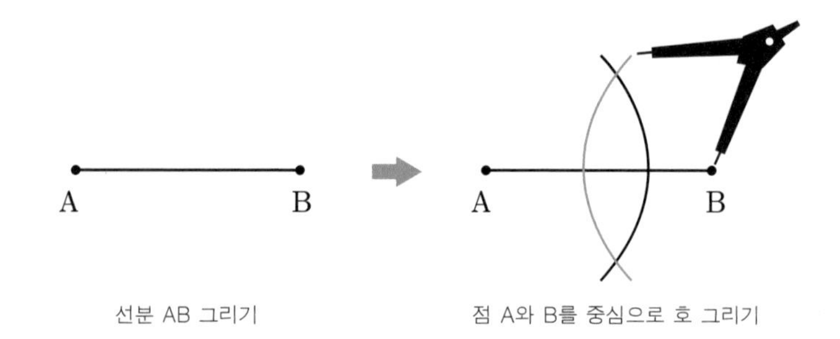

선분 AB 그리기 점 A와 B를 중심으로 호 그리기

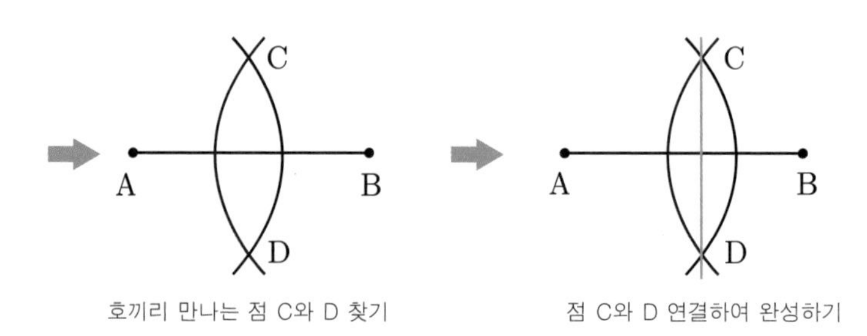

호끼리 만나는 점 C와 D 찾기 점 C와 D 연결하여 완성하기

이처럼 다른 작도도 챗GPT에게 질문하여 단계적으로 그려보면 됩니다. 작도는 기하학에서 매우 기본적으로 필요하며 건축학과 디자인에서도 사용하는 실용적인 수학임을 기억해두길 바랍니다.

이제 중학교 수학에서 많이 사용하는 삼각형 기호에 대해 알아볼까요?

중학교 수학부터는 삼각형 기호를 어떻게 나타내지요?

수학에서 삼각형을 나타낼 때는 보통 "∆ABC"와 같은 기호를 사용합니다. 여기서 "A", "B", "C"는 삼각형의 각 꼭짓점을 의미합니다. 예를 들어, 삼각형의 세 꼭짓점이 A, B, C로 표시되어 있다면, 그 삼각형은 "∆ABC"로 표현할 수 있습니다. 이와 같은 기호는 기하학적인 도형을 설명할 때 매우 유용합니다.

혹시 더 궁금한 것이 있나요? 삼각형과 관련된 다른 개념이나 문제에 대해서도 도와드릴 수 있습니다. 😊

위에서 설명한 대로 삼각형의 기호는 간단하게 나타내는 것을 알 수 있습니다. 여러분은 수업 시간에 선생님이 삼각형 ABC보다는 간단하게 △ABC로 나타내는 것을 보게 될 것입니다. 교과서와 참고서에도 이렇게 표현하는 것들이 많습니다. 그러나 두 개를 같이 사용하는 경우도 있습니다.

여기서 한 가지 확인하고 지나가야 할 질문이 있네요. 바로 '대각선은 도형일까요?'에 대한 질문입니다.

대각선은 다음 단원에서 학습하게 될 용어 중 하나인데요. 대각선의 정의는 '다각형에서 이웃하지 않은 두 꼭짓점 등을 연결한 선분'이니 당연히 도형이라고 생각할 수 있습니다. 그렇다면 대각선이 정말 도형인지 챗GPT에게 질문해 보겠습니다.

대각선은 도형인가요?

아니요, 대각선은 도형이 아닙니다.

대각선은 다각형에서 이웃하지 않는 두 꼭짓점을 연결하는 **선분**입니다. 즉, 점과 점 사이를 연결하는 직선의 일부분이지, 스스로 완전한 형태를 갖춘 도형은 아닙니다.

예를 들어, 사각형의 대각선은 사각형을 이루는 요소 중 하나일 뿐, 대각선 자체가 하나의 도형이 되는 것은 아니죠.

도형은 점, 선, 면으로 이루어져 공간을 차지하는 형태를 말합니다. 삼각형, 사각형, 원 등이 모두 도형에 속합니다.

간단히 말해,

- **도형:** 스스로 완전한 형태를 갖춘 것
- **대각선:** 다른 도형의 일부분

더 궁금한 점이 있으시면 언제든지 물어보세요.

- 다른 도형의 대각선에 대해 알고 싶어요.

- 대각선의 성질에 대해 더 자세히 알고 싶어요.
- 대각선을 이용해서 어떤 문제를 해결할 수 있나요?

대각선은 도형의 특성을 갖지 않으므로 도형이 아닙니다.

챗GPT를 이용하면 여러분은 이처럼 언제든지 궁금한 것을 질문하고 답을 확인할 수 있습니다. 혹시 이해가 안 간다면 더 구체적으로 질문해 보세요. 여러분에게 언제든지 시간을 쓸 수 있는 개인 선생님 같은 존재이니 무엇이든 물어보고 답을 확인하고 새로운 질문들을 더 많이 해 보세요. 계속 이야기하고 있지만 질문하는 만큼 여러분은 챗GPT와 대화하는 법 그리고 여러분이 원하는 답을 얻는 방법을 함께 알아가게 될 것입니다.

이번 기본도형에서 용어와 그림을 소개한 이유는 삼각형의 작도 방법을 학습하기 위한 목표도 있습니다. 점부터 작도까지 학습하면 삼각형의 작도를 원활하게 할 수 있기 때문입니다. 그러면 삼각형을 작도할 수 있는 조건은 무엇인지 챗GPT에게 질문하겠습니다.

삼각형을 작도할 수 있는 조건을 설명해 주세요.

✦ 삼각형을 작도할 수 있는 조건

삼각형을 작도하기 위해서는 다음과 같은 조건 중 하나를 만족해야 합니다.

삼각형 작도 조건

- **세 변의 길이가 주어질 때:**
  - 가장 긴 변의 길이가 나머지 두 변의 길이의 합보다 작아야 합니다.
  - 예를 들어, 3cm, 4cm, 5cm 세 변으로 삼각형을 만들 수 있지만, 2cm, 3cm, 6cm 세 변으로는 삼각형을 만들 수 없습니다.

- **두 변의 길이와 그 끼인각이 주어질 때:**
    - 두 변의 길이와 그 사이의 각의 크기가 정해지면 삼각형의 모양과 크기가 하나로 결정됩니다.
- **한 변의 길이와 양 끝각이 주어질 때:**
    - 한 변의 길이와 그 양 끝각의 크기가 정해지면 삼각형의 모양과 크기가 하나로 결정됩니다.

왜 이러한 조건들이 필요할까요?

- **삼각형의 안정성:** 삼각형은 다각형 중 가장 안정적인 도형입니다. 이는 삼각형의 세 변이 서로 연결되어 고정된 형태를 유지하기 때문입니다. 위의 조건들은 이러한 삼각형의 안정성을 유지하기 위한 필수적인 요소입니다.
- **삼각형의 유일성:** 주어진 조건을 만족하면 오직 하나의 삼각형만을 만들 수 있습니다. 즉, 삼각형은 그 조건에 의해 완전히 결정됩니다.

좀 더 자세한 설명

- **세 변의 길이:** 세 변의 길이가 주어지면 자와 컴퍼스를 이용하여 정확하게 삼각형을 그릴 수 있습니다. 하지만, 가장 긴 변이 나머지 두 변의 합보다 크거나 같다면 삼각형을 만들 수 없습니다. 이는 마치 빨대 세 개를 이용하여 삼각형을 만들려고 할 때, 한 빨대가 너무 길어서 다른 두 빨대가 만나지 못하는 상황과 같습니다.
- **두 변과 끼인각:** 두 변의 길이와 그 사이의 각이 주어지면, 자와 컴퍼스를 이용하여 먼저 두 변을 그리고, 주어진 각의 크기로 나머지 한 변을 그릴 수 있습니다.
- **한 변과 양 끝각:** 한 변의 길이와 양 끝각이 주어지면, 먼저 주어진 길이의 선분을 그리고, 양 끝점에서 주어진 각의 크기로 선을 그어 두 선이 만나는 점을 찾아 삼각형을 완성할 수 있습니다.

예시

- **세 변의 길이:** 3cm, 4cm, 5cm
- **두 변과 끼인각:** AB = 5cm, BC = 4cm, ∠ABC = 60°
- **한 변과 양 끝각:** AB = 6cm, ∠A = 50°, ∠B = 70°

위와 같은 조건이 주어지면 자와 컴퍼스를 이용하여 삼각형을 정확하게 그릴 수 있습니다.

궁금한 점이 있다면 언제든지 질문해주세요.

삼각형을 작도할 수 있는 조건은 삼각형의 결정조건이 됩니다. 위의 3가지 조건이 단 한 개의 삼각형을 결정 짓기 때문입니다.

그러면 각이 세 개가 주어지면 삼각형을 그릴 수 없다는 의미가 될 수도 있겠네요. 그래서 챗GPT에게 질문해 보았습니다.

세 개의 각으로는 삼각형을 그릴 수 없나요?

세 개의 각만으로는 삼각형을 완전히 결정할 수 없어, **일반적으로는 삼각형을 작도할 수 없습니다.**

왜 그럴까요?

- **크기가 정해지지 않음:** 세 개의 각의 크기만 주어진다면, 삼각형의 변의 길이가 정해지지 않기 때문에 크기가 다양한 무수히 많은 삼각형을 그릴 수 있습니다. 마치 같은 모양의 삼각형을 확대하거나 축소하는 것처럼 말이죠.
- **합이 180° 여야 함 :** 삼각형의 세 내각의 합은 항상180 ° 입니다. 따라서 세개의 각을 주었을 때, 그 합이 180° 가 되지 않는다면 삼각형을 만들 수 없습니다

삼각형을 작도하기 위해 필요한 조건

삼각형을 작도하기 위해서는 다음과 같은 조건 중 하나를 만족해야 합니다.

- **세 변의 길이:** 가장 긴 변의 길이가 나머지 두 변의 길이의 합보다 작아야 합니다.
- **두 변의 길이와 그 끼인각:** 두 변의 길이와 그 사이의 각의 크기가 정해지면 삼각형의 모양과 크기가 하나로 결정됩니다.
- **한 변의 길이와 양 끝각:** 한 변의 길이와 그 양 끝각의 크기가 정해지면 삼각형의 모양과 크기가 하나로 결정됩니다.

예외적인 경우

- **닮은꼴 삼각형:** 세 각의 크기가 같은 삼각형은 서로 닮은꼴입니다. 즉, 모양은 같지만 크기가 다른 삼각형이라고 할 수 있습니다. 하지만 이 경우에도 각각의 삼각형의 변의 길이가 정해져 있지 않기 때문에, 정확한 크기의 삼각형을 작도하기는 어렵습니다.

결론적으로, 세 개의 각만으로는 삼각형의 크기를 정확하게 결정할 수 없기 때문에, 일반적으로 삼각형을 작도할 수 없습니다. 삼각형을 완전히 결정하기 위해서는 변의 길이에 대한 정보가 추가적으로 필요합니다.

챗GPT는 세 개의 각으로 삼각형을 그릴 수는 있으나 변의 길이가 정해지지 않아서 수많은 삼각형이 그려질 수 있다고 답변했습니다.

그러면 삼각형을 작도할 수 있는 조건에 대한 문제를 챗GPT에게 생성하도록 부탁하겠습니다.

삼각형의 작도 가능성을 판별하는 문제를 만들어 주세요.

물론입니다! 삼각형의 작도 가능성을 판별할 수 있는 다양한 문제들을 준비해드리겠습니다.

문제:

1. 세 변의 길이가 각각 7cm, 10cm, 12cm인 삼각형을 작도할 수 있나요?
2. 두 변의 길이가 각각 8cm, 15cm이고, 끼인각이 60°인 삼각형을 작도할 수 있나요?
3. 한 변의 길이가 10cm이고, 그 변의 양끝각이 각각 45°와 135°인 삼각형을 작도할 수 있나요?
4. 세 변의 길이가 각각 3cm, 4cm, 8cm인 삼각형을 작도할 수 있나요?
5. 두 변의 길이가 각각 5cm, 7cm이고, 끼인각이 120°인 삼각형을 작도할 수 있나요?

이 문제들을 통해 삼각형의 작도 가능성을 판단해 보세요. 더 많은 문제나 다른 유형의 문제가 필요하시다면 언제든지 말씀해주세요!

이에 대한 풀이를 요청하겠습니다.

풀어 주세요

물론입니다! 문제들을 하나씩 풀어보겠습니다.

1. **세 변의 길이가 각각 7cm, 10cm, 12cm인 삼각형을 작도할 수 있나요?**
   - 조건: 두 변의 길이의 합이 나머지 한 변의 길이보다 길어야 함
   - 확인:
     - $7 + 10 = 17 > 12$
     - $10 + 12 = 22 > 7$
     - $12 + 7 = 19 > 10$
   - 결과: 작도 가능합니다.
2. **두 변의 길이가 각각 8cm, 15cm이고, 끼인각이 $60°$인 삼각형을 작도할 수 있나요?**
   - 조건: 두 변과 끼인각이 주어진 경우, 삼각형은 언제나 작도 가능
   - 결과: 작도 가능합니다.
3. **한 변의 길이가 10cm이고, 그 변의 양끝각이 각각 $45°$와 $135°$인 삼각형을 작도할 수 있나요?**
   - 조건: 내각의 합이 $180°$여야 함
   - 확인: $45° + 135° = 180°$, 나머지 각은 $0°$
   - 결과: 작도 불가능합니다.
4. **세 변의 길이가 각각 3cm, 4cm, 8cm인 삼각형을 작도할 수 있나요?**
   - 조건: 두 변의 길이의 합이 나머지 한 변의 길이보다 길어야 함
   - 확인: $3 + 4 = 7 < 8$
   - 결과: 작도 불가능합니다.
5. **두 변의 길이가 각각 5cm, 7cm이고, 끼인각이 $120°$인 삼각형을 작도할 수 있나요?**
   - 조건: 두 변과 끼인각이 주어진 경우, 삼각형은 언제나 작도 가능
   - 결과: 작도 가능합니다.

여기서 한 가지 알아둘 것은 삼각형의 작도 조건에서 '가장 긴 변의 길이가 나머지

두 변의 길이의 합보다 작아야 한다.'와 '두 변의 길이의 합이 나머지 한 변의 길이보다 길어야 한다.'는 같은 의미라는 점입니다. 챗GPT의 종류에 따라 같은 말을 이처럼 의미는 같지만 다른 표현으로 나타내기도 합니다.

계속해서 삼각형의 합동 조건에 대해 챗GPT에게 질문했습니다.

삼각형의 합동조건에 대해 설명하세요.

삼각형의 합동 조건: 두 삼각형이 완전히 똑같을 때

두 삼각형이 완전히 똑같다는 것은, 마치 똑같은 도장을 찍은 것처럼 서로 겹쳐질 때 모든 부분이 일치하는 것을 의미합니다. 이렇게 두 삼각형이 완전히 일치할 때, 우리는 두 삼각형이 **합동**이라고 합니다.

그렇다면, 어떤 경우에 두 삼각형이 합동이라고 할 수 있을까요?

삼각형의 합동을 판단하기 위해서는 몇 가지 조건을 확인해야 합니다. 이 조건들을 **합동 조건**이라고 부릅니다.

삼각형의 합동 조건

1. **SSS 합동:** 세 쌍의 대응변의 길이가 각각 같을 때, 두 삼각형은 합동입니다.
   - **대응변:** 서로 다른 두 삼각형에서 같은 위치에 있는 변을 의미합니다.
   - **예시:** 두 삼각형의 세 변의 길이가 모두 3cm, 4cm, 5cm로 같다면, 두 삼각형은 SSS 합동입니다.
2. **SAS 합동:** 두 쌍의 대응변의 길이가 각각 같고, 그 끼인각의 크기가 같을 때, 두 삼각형은 합동입니다.
   - **끼인각:** 두 대응변 사이에 있는 각을 의미합니다.
   - **예시:** 두 삼각형의 두 변의 길이가 각각 3cm, 4cm이고, 그 끼인각이 모두 60°라면, 두 삼각형은 SAS 합동입니다.
3. **ASA 합동:** 한 쌍의 대응변의 길이가 같고, 그 양 끝각의 크기가 각각 같을 때, 두 삼각형은 합동입니다.

- **양 끝각:** 한 변의 양쪽에 있는 각을 의미합니다.
- **예시:** 두 삼각형의 한 변의 길이가 5cm이고, 그 양 끝각이 모두 40°, 70°라면, 두 삼각형은 ASA 합동입니다.

왜 합동 조건이 중요할까요?

합동 조건은 도형의 성질을 밝히고, 문제를 해결하는 데 매우 유용하게 사용됩니다. 예를 들어, 두 삼각형이 합동이라는 것을 알면, 대응변의 길이가 같고, 대응각의 크기가 같다는 것을 알 수 있습니다. 이를 통해 다른 도형의 성질이나 길이를 구할 수 있습니다.

정리하면, 삼각형의 합동 조건은 두 삼각형이 완전히 똑같다는 것을 판단하기 위한 기준입니다. SSS, SAS, ASA 세 가지 합동 조건을 잘 이해하고 활용하면, 다양한 도형 문제를 해결하는 데 큰 도움이 될 것입니다.

궁금한 점이 있다면 언제든지 질문해주세요!

- **예시 문제를 풀어보고 싶으신가요?**
- **특정 합동 조건에 대해 더 자세히 알고 싶으신가요?**
- **합동 조건을 활용한 문제를 풀어보고 싶으신가요?**

어떤 질문이든 환영합니다!

[이미지: 삼각형의 합동 조건 SSS, SAS, ASA]

이미지를 첨부하여 시각적으로 더욱 쉽게 이해할 수 있도록 했습니다.

추가 설명:

- **AAS 합동:** 위에 언급된 세 가지 합동 조건 외에도, AAS (각-각-변) 합동이라는 조건도 있습니다. 두 쌍의 대응각과 각 사이에 있지 않은 대응변의 길이가 같을 때, 두 삼각형은 합동입니다.
- **SSA 합동:** SSA (변-변-각) 조건은 합동 조건이 아닙니다. 두 변의 길이와 한 각의 크기가 같다고 해서 반드시 두 삼각형이 합동이 되는 것은 아니기 때문입니다.

더 자세한 설명이 필요하시면 언제든지 말씀해주세요.

삼각형의 3가지 합동조건은 SSS 합동조건, SAS 합동조건, ASA 합동조건이 있습니다. 챗GPT가 설명한 대로 두 개의 삼각형이 세 변의 길이가 같으면 SSS 합동조건이며 S는 Side의 약자로 삼각형의 변을 의미합니다.

다음의 그림을 살펴볼까요? 이해가 더 잘 될 것입니다. 여러분이 챗GPT가 알려준 대로 그림을 따라 그려 보아도 확인할 수 있습니다.

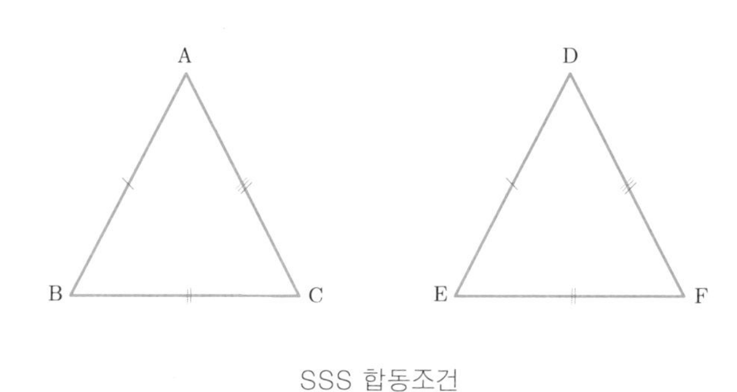

SSS 합동조건

SAS 합동조건은 삼각형의 두 변의 길이와 끼인각이 같으면 합동이 되는 조건입니다. 그리고 A는 Angle의 약자이며 각을 의미합니다.

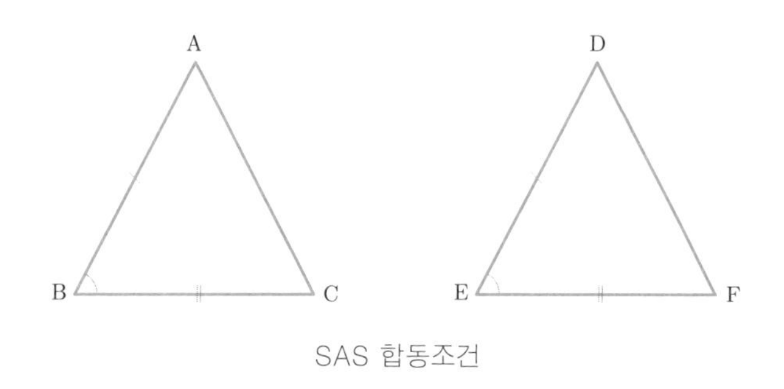

SAS 합동조건

ASA 합동조건은 삼각형의 한 변의 길이와 양 끝 각이 같으면 성립하는 합동 조건입니다.

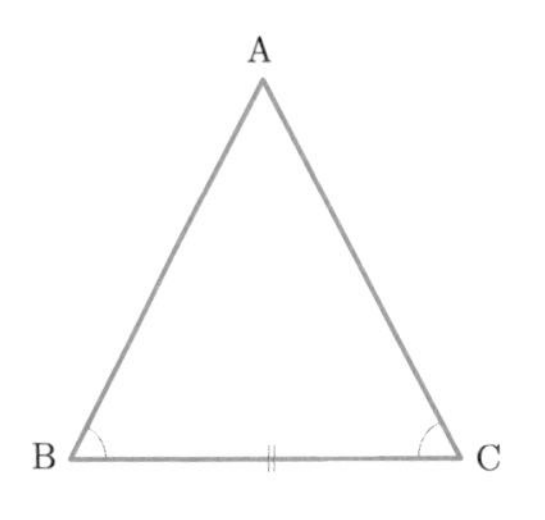

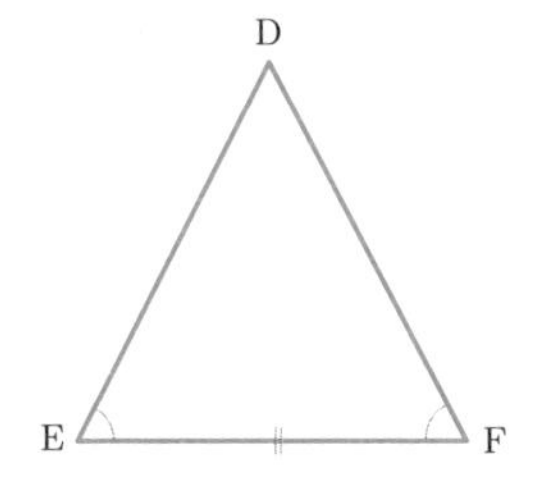

ASA 합동조건

그리고 도형의 합동기호가 있습니다. 어떤 도형이든 합동일 때 이 기호를 사용합니다. 챗GPT의 설명을 들어 보겠습니다.

도형의 합동기호를 알려주세요.

도형의 합동 기호

도형의 합동을 나타내는 기호는 ≡ (같은 모양의 세 개의 선)입니다.

- **합동이란?** 모양과 크기가 완전히 같은 도형을 의미합니다. 즉, 한 도형을 옮기거나 돌려서 다른 도형에 완전히 겹쳐질 때 두 도형은 합동이라고 합니다.
- **합동 기호의 사용 예시:**
  - 삼각형 ABC와 삼각형 DEF가 합동일 때: △ABC ≡ △DEF

합동 기호를 사용하는 이유:

- **간결성:** 복잡한 설명 없이 간단하게 두 도형이 합동임을 나타낼 수 있습니다.
- **명확성:** 합동이라는 개념을 명확하게 표현하여 오해의 소지를 줄입니다.
- **일관성:** 수학적인 표현을 통일하여 다른 사람들과 쉽게 소통할 수 있도록 합니다.

합동과 관련된 다른 개념:

- **대응점, 대응변, 대응각:** 합동인 두 도형에서 서로 겹쳐지는 점, 변, 각을 각각 대응점, 대응변, 대응각이라고 합니다.

- **합동조건:** 두 삼각형이 합동이라고 할 수 있는 조건으로, SSS 합동, SAS 합동, ASA 합동, AAS 합동 등이 있습니다.

더 궁금한 점이 있다면 언제든지 질문해주세요.

- **예시:**
  - "합동조건에 대해 더 자세히 알고 싶어요."
  - "합동 기호와 같음 기호의 차이점이 뭔가요?"

다음과 같은 질문을 통해 더 자세한 정보를 얻을 수 있습니다.

- 합동의 개념과 활용 예시
- 합동조건에 대한 설명과 증명
- 합동과 관련된 다른 기호나 용어
- 합동을 이용한 문제 해결 방법

친절하게 설명해 드릴게요!

똑똑!! 기억하세요.

기본도형은 그림을 직접 많이 그려보고, 수학 기호도 많이 아는 것이 중요합니다.

기본도형을 포함한 기하학 단원은 모르는 수학 용어가 나오면 정의를 찾아보는 것이 중요합니다.

작도할 때 순서와 과정도 중요하므로 꼭 기억해두세요.

1+1 =
Y
1+1 =
?
H2O
x+y=

제 6장

평면도형

평면도형에서는 제일 먼저 다각형이 무엇인지에 대한 정의부터 시작합니다.

다각형은 여러분이 어렸을 때부터 보았던 도형입니다. 여러분이 가지고 놀던 장난감도 도형이기 때문입니다.

다각형의 성질에 대해 챗GPT에게 질문해 보았습니다.

다각형의 성질에 대해 알려 주세요.

물론이죠! 다각형의 성질에 대해 자세히 설명해 드릴게요.

다각형의 정의

다각형은 세 개 이상의 선분으로 이루어진 도형입니다. 각각의 선분은 '변'이라고 불리며, 변과 변이 만나는 점을 '꼭짓점'이라고 합니다.

다각형의 성질

1. **내각의 합**: n각형의 내각의 합은 $180° \times (n-2)$로 계산할 수 있습니다. 예를 들어, 오각형의 내각의 합은 $180° \times (5-2) = 540°$입니다.
2. **외각의 합**: 모든 다각형의 외각의 합은 항상 $360°$입니다.
3. **대각선의 개수**: n각형의 대각선의 개수는 $\frac{n(n-3)}{2}$로 계산할 수 있습니다. 예를 들어, 육각형의 대각선의 개수는 $\frac{6 \times (6-3)}{2} = 9$입니다.
4. **정다각형**: 모든 변의 길이와 내각이 같은 다각형을 정다각형이라고 합니다. 예를 들어, 정삼각형, 정사각형 등이 있습니다.

다각형의 성질을 이해하면 다양한 기하학적 문제를 해결하는 데 큰 도움이 됩니다. 더 궁금한 사항이 있으면 언제든지 말씀해 주세요! 😊

챗GPT는 다각형에 대해 여러 가지 설명을 해 주었습니다. 이 중에서 특히 관심이 생기는 부분은 내각의 합,외각의 합, 대각선의 개수 같은 처음 보는 공식입니다.

가장 먼저 대각선의 개수를 구하는 문제를 챗GPT에게 질문하겠습니다.

다각형의 대각선의 개수 구하는 문제를 만들어 주세요.

알겠습니다! 다각형의 대각선 개수를 구하는 문제를 만들어 보겠습니다.

문제 1

팔각형의 대각선의 개수를 구하세요.

문제 2

십이각형의 대각선의 개수를 구하세요.

문제 3

이십각형의 대각선의 개수를 구하세요.

문제 4

이십이각형의 대각선의 개수를 구하세요.

문제 5

삼십각형의 대각선의 개수를 구하세요.

이 문제들을 풀어보시고, 더 어려운 문제가 필요하시거나 추가로 궁금한 점이 있으면 언제든지 말씀해 주세요! 😊

직접 다면체를 그리지 않고도 공식을 적용하여 대각선의 개수를 풀어볼 수 있습니다. 이제 문제를 만들었으니 풀이를 해 보겠습니다.

풀어 주세요.

알겠습니다! 다각형의 대각선의 개수를 구하는 문제들을 풀어드리겠습니다.

문제 1

팔각형의 대각선의 개수를 구하세요.

$$\text{대각선의 개수} = \frac{8\times(8-3)}{2} = \frac{8\times5}{2} = 20$$

따라서 팔각형의 대각선의 개수는 20개입니다.

문제 2

십이각형의 대각선의 개수를 구하세요.

$$\text{대각선의 개수} = \frac{12\times(12-3)}{2} = \frac{12\times9}{2} = 54$$

따라서 십이각형의 대각선의 개수는 54개입니다.

문제 3

이십각형의 대각선의 개수를 구하세요.

$$\text{대각선의 개수} = \frac{20\times(20-3)}{2} = \frac{20\times17}{2} = 170$$

따라서 이십각형의 대각선의 개수는 170개입니다.

문제 4

이십이각형의 대각선의 개수를 구하세요.

$$\text{대각선의 개수} = \frac{22\times(22-3)}{2} = \frac{22\times19}{2} = 209$$

따라서 이십이각형의 대각선의 개수는 209개입니다.

문제 5

삼십각형의 대각선의 개수를 구하세요.

$$\text{대각선의 개수} = \frac{30\times(30-3)}{2} = \frac{30\times27}{2} = 405$$

따라서 삼십각형의 대각선의 개수는 405개입니다.

이 문제들이 도움이 되셨기를 바랍니다! 더 궁금한 점이 있으면 언제든지 말씀해 주세요.

삼각형이나 사각형, 오각형, 육각형 등의 다각형은 내각의 합이 180°, 360°, 540°, 720°라는 것은 여러분도 이미 알고 있습니다. 삼각형이 몇 개로 나누어지는지 직접 나눠서 확인해 볼 수도 있습니다.

그런데 내각의 합에 대한 공식이 있다는 것을 안다면 그릴 필요 없이 공식에 숫자를 대입하면 구할 수 있습니다. 공식이란 것이 매우 편리함을 다시 느낍니다.

내각의 합 공식은 $180° \times (n-2)$입니다. 이 식에서 n에 해당하는 숫자를 대입하면 편리하게 계산할 수 있습니다.

이때 함께 기억해야 할 것이 있습니다. 삼각형 내각의 합은 180°이고 다각형의 외각의 합은 360°라는 것입니다.

이제 내각의 합 구하는 문제를 챗GPT에게 요청해 보겠습니다.

다각형의 내각의 합 구하는 문제를 만들어 주세요.

물론이죠! 다각형의 내각의 합을 구하는 문제를 몇 가지 만들어 보겠습니다.

문제 1

팔각형의 내각의 합을 구하세요.

문제 2

십이각형의 내각의 합을 구하세요.

문제 3

이십각형의 내각의 합을 구하세요.

문제 4

이십이각형의 내각의 합을 구하세요.

문제 5

삼십각형의 내각의 합을 구하세요.

이 문제들을 풀어보시고, 궁금한 점이 있으면 언제든지 말씀해 주세요! 😊

챗GPT에게 이 문제들의 풀이를 부탁했습니다.

풀어 주세요.

물론이죠! 다각형의 내각의 합을 구하는 문제들을 풀어드리겠습니다.

문제 1

팔각형의 내각의 합을 구하세요.

$$\text{내각의 합} = 180^\circ \times (8-2) = 180^\circ \times 6 = 1080^\circ$$

따라서 팔각형의 내각의 합은 1080°입니다.

문제 2

십이각형의 내각의 합을 구하세요.

$$\text{내각의 합} = 180^\circ \times (12-2) = 180^\circ \times 10 = 1800^\circ$$

따라서 십이각형의 내각의 합은 1800°입니다.

문제 3

이십각형의 내각의 합을 구하세요.

$$\text{내각의 합} = 180^\circ \times (20-2) = 180^\circ \times 18 = 3240^\circ$$

따라서 이십각형의 내각의 합은 3240°입니다.

문제 4

이십이각형의 내각의 합을 구하세요.

$$\text{내각의 합} = 180^\circ \times (22-2) = 180^\circ \times 20 = 3600^\circ$$

따라서 이십이각형의 내각의 합은 3600°입니다.

문제 5

삼십각형의 내각의 합을 구하세요.

$$\text{내각의 합} = 180^\circ \times (30-2) = 180^\circ \times 28 = 5040^\circ$$

따라서 삼십각형의 내각의 합은 5040°입니다.

이 문제가 도움이 되셨기를 바랍니다! 더 궁금한 점이 있으면 언제든지 말씀해 주세요.

내각의 합을 구하는 공식을 안다면 그려 보지 않고도 내각의 합을 구할 수 있음을 알겠지요?

이어서 이번에는 외각의 합이 360°인 것을 좀 더 알아보기 전에 외각의 정의부터 확인해 볼까요? 계속 이야기하지만 수학은 용어의 정의와 개념을 확실하게 아는 것이 매우 중요합니다. 따라서 알고 있다고 해도 한 번씩 다시 확인해 주면 수학 분야에 대한 탄탄한 기초 쌓기에 도움이 될 것입니다.

챗 GPT에게 질문하겠습니다.

다각형에서 외각은 무엇인가요?

다각형에서 외각이란?

다각형의 외각이란 다각형의 한 변을 연장했을 때, 그 연장선과 이웃하는 변 사이에 생기는 각을 말합니다.

쉽게 말해서, 다각형의 각 꼭짓점에서 다각형의 내부가 아닌 외부로 뻗어나가는 각이라고 생각하면 됩니다.

예시:

- 삼각형 ABC에서 변 BC를 연장하면, 변 BC와 변 AB 사이에 생기는 각이 외각이 됩니다.
- 사각형 ABCD에서 변 AB를 연장하면, 변 AB와 변 AD 사이에 생기는 각이

외각이 됩니다.

외각의 특징:

- **모든 다각형의 외각의 합은 항상 360° 입니다 .**
- **한 꼭짓점에서의 내각과 외각의 합은 180° 입니다.**

왜 외각의 합이 항상 360°일까요 ?

다각형의 모든 외각을 합쳐보면, 마치 한 바퀴를 도는 것처럼 360°를 이루게 됩니다.

외각을 구하는 방법:

- **각 꼭짓점에서 변을 연장하여 외각을 그립니다.**
- **각 외각의 크기를 측정하거나 계산합니다.**
- **모든 외각의 크기를 더하면 360°가 나옵니다 .**

외각을 왜 배우나요?

외각의 개념은 다각형의 성질을 이해하는 데 중요합니다. 외각의 합이 항상 일정하다는 성질은 다양한 문제를 해결하는 데 활용될 수 있습니다.

더 궁금한 점이 있다면 언제든지 질문해주세요.

- **예시 문제를 풀어보고 싶으신가요?**
- **다른 다각형의 외각에 대해 알고 싶으신가요?**
- **외각과 관련된 다른 개념에 대해 알고 싶으신가요?**

다양한 질문에 성심껏 답변해 드리겠습니다.

이번에는 어플이나 챗GPT에서 다각형의 외각 문제를 올려서 풀이를 요청하겠습니다. 여러분이 사용하는 챗GPT에 첨부파일만 올리면 됩니다. 별로 어렵지 않으니 한번 도전해 보세요.

우선 문제는 다음처럼 제시됩니다.

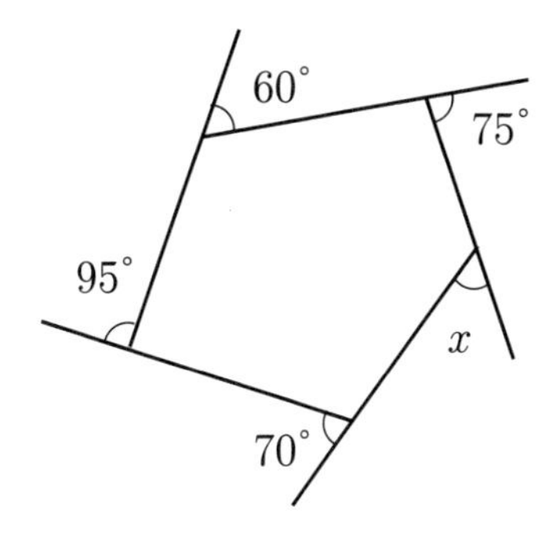

이제 챗GPT에게 질문하겠습니다.

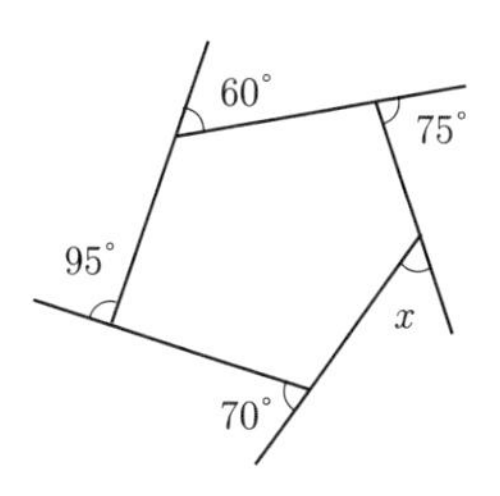

풀어 주세요.

물론이죠! 주어진 각도를 이용하여 x의 크기를 구해봅시다.

1. **각도의 합 구하기**: 한 점 주위의 각도의 합은 360°입니다.
2. **주어진 각도 더하기**: 그림에서 주어진 각도 60°, 75°, 95°, 70°를 더합니다.

$$60^\circ + 75^\circ + 95^\circ + 70^\circ = 300^\circ$$

3. **알 수 없는 각도 구하기**: x의 크기를 구하기 위해 360°에서 위에서 더한 각도의 합을 뺍니다.

$$x = 360^\circ - 300^\circ$$

$$x = 60^\circ$$

따라서, $\angle x$의 크기는 60°입니다.

혹시 더 궁금한 점이 있으면 언제든지 알려주세요! 😊

문제를 보고 챗GPT가 답변했습니다. 풀이와 답이 정답으로 확인되었습니다. 그런데 모든 수학 문제가 사진을 찍어서 챗GPT에게 질문하면 정답만 알려 주는 것은 아닙니다. 오류도 나올 수 있습니다.

그래서 자기 주도 학습을 위해 챗GPT를 이용하는 이 책을 쓰면서 보다 나은 질문과 답을 찾기 위해 여러 번 질문하고 다양하게 질문하며 GPT로 알려진 많은 인공지능 앱들을 써 보고 그중 가장 맞는 것을 찾아내는 과정을 거쳤다는 점을 알려드립니다.

따라서 챗GPT가 문제를 잘못 인식하여 풀이를 잘못하는 경우가 있기 때문에 검토하는 차원에서 많이 활용하는 과정이 필요하며 이는 시간 낭비가 아니라 챗GPT를 더 잘 활용할 수 있는 능력을 키울 수도 있습니다.

우리가 앞으로 사는 세상은 챗GPT의 세상이며 이미 과제나 학습, 서류, 보고서를 작성할 때 챗GPT를 이용하는 분야도 갈수록 많아지고 있습니다.

또 인공지능 기술이 빠르게 발전하고 있으므로 챗GPT가 수학에 대해 오류 없는 답을 내놓고 수학적 질문에 대해 전문적인 지식을 내놓는 날이 곧 올 것이라고 기대합니다. 그리고 실제로 무료 챗GPT와 달리 유료 챗GPT는 수학적 문제 해결 능력이 매우 좋아진 상황입니다.

다각형에 대해 알아보았으니 이제 정다각형에 대해 알아보겠습니다.

정다각형의 한 내각의 크기와 한 외각의 크기를 구하는 공식을 챗GPT에게 질문했습니다.

정다각형의 한 내각의 크기와 한 외각의 크기를 구하는 공식을 알려 주세요.

정다각형의 한 내각의 크기와 한 외각의 크기를 구하는 공식은 다음과 같습니다:

한 내각의 크기

정다각형의 한 내각의 크기:

$$\frac{180^\circ \times (n-2)}{n}$$

한 외각의 크기

정다각형의 한 외각의 크기:

$$\frac{360^\circ}{n}$$

예시

정오각형 (변의 수 n = 5)을 예로 들어보겠습니다.

- 한 내각의 크기:

$$\frac{180^\circ \times (5-2)}{5} = \frac{180^\circ \times 3}{5} = 108^\circ$$

- 한 외각의 크기:

$$\frac{360^\circ}{5} = 72^\circ$$

이렇게 정오각형의 한 내각의 크기는108°, 한 외각의 크기는72° 입니다.도움이 되었길 바랍니다!추가로 궁금한 점이 있다면 언제든지 말씀해 주세요. 😊

위 챗GPT의 답변을 보면 예시까지 보여 주며 정다면체의 한 내각의 크기와 외각의 크기를 간단하게 구할 수 있음을 알려 주고 있었습니다.

어떤가요? 인터넷만 된다면 언제 어디서나 이처럼 여러분의 궁금증에 바로 대답해 줄 든든한 개인 선생님 챗GPT의 존재가 멋지지 않나요?

두 번째 중단원인 부채꼴의 호의 길이와 넓이에 관한 설명을 챗GPT에게 요청했습니다. 이번에는 다른 챗GPT를 사용하여 질문해 보았습니다.

원과 부채꼴에 대해 설명해 주세요.

물론이죠! 원과 부채꼴에 대해 자세히 설명해 드릴게요.

원

- **정의**: 원은 평면 위의 한 점에서 같은 거리에 있는 모든 점의 집합입니다. 이 중심점에서의 거리를 **반지름**이라고 합니다.
- **반지름**: 원의 중심에서 원의 둘레까지의 거리입니다.
- **지름**: 원의 중심을 지나며 원을 둘로 나누는 직선으로, 반지름의 두 배입니다.
- **원주**: 원의 둘레 길이입니다. $2\pi r$로 계산합니다.
- **넓이**: 원이 차지하는 면적으로, πr^2로 계산합니다.

부채꼴

- **정의**: 부채꼴은 원의 한 부분으로, 두 개의 반지름과 그 사이의 호로 구성됩니다.
- **반지름**: 부채꼴의 중심에서 호까지의 거리입니다. 원의 반지름과 동일합니다.
- **중심각**: 부채꼴의 두 반지름 사이의 각도입니다.
- **호**: 부채꼴의 곡선 부분으로, 원의 둘레의 일부입니다.
- **넓이**: 부채꼴의 넓이는 전체 원의 넓이에서 중심각에 해당하는 비율을 곱하여 구할 수 있습니다.

현

- **정의**: 현은 원의 둘레 위에 있는 두 점을 연결하는 선분입니다.
- **특징**: 현의 길이는 원의 중심을 지나지 않는다면 원의 지름보다 짧습니다. 모든 현은 원의 둘레의 특정 부분을 연결합니다.

활꼴

- **정의**: 활꼴은 원의 둘레 위에 있는 두 점을 연결하는 현과 그 현에 의해 잘린 원의 부분입니다.
- **특징**: 활꼴은 두 부분으로 나뉩니다. 큰 부분을 **대활** 또는 **대활꼴**이라고 하고, 작은 부분을 **소활** 또는 **소활꼴**이라고 합니다.

이렇게 원, 부채꼴, 현, 활꼴에 대해 간단히 설명해 보았습니다. 😊

모든 내용을 담은 것은 아니지만 핵심으로 알아야 할 것을 알려 주고 있습니다. 또한 중학교의 수식을 사용해 원의 넓이와 원주를 구하는 공식을 설명하고 있습니다.

원과 부채꼴에 대해 질문했을 때 현과 활꼴에 대해서는 별도로 질문해야 챗GPT의 답변이 나오는 경우가 있습니다. 이때는 현과 활꼴에 대한 설명을 요청해도 됩니다.

부채꼴 단원을 학습할 때 현과 활꼴을 같이 배우지만 활꼴은 부채꼴과는 다른 도형이라는 것도 기억하세요.

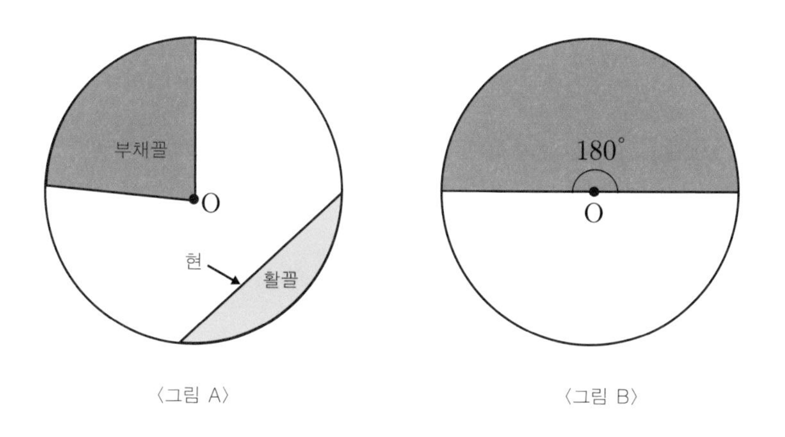

〈그림 A〉 〈그림 B〉

〈그림 A〉에서는 부채꼴과 활꼴이 다른 도형인 것을 단번에 알 수 있습니다. 그러나 〈그림 B〉는 부채꼴의 중심각이 평각인 180°인데 부채꼴이면서도 활꼴이 되는 특별한 경우입니다. 이러한 특별한 경우의 예로 부채꼴이 활꼴과 같다고 볼 수는 없겠지요? 헷갈리는 부분일 수도 있어서 알려 드렸습니다. 그리고 이때 원의 지름은 활꼴에서 현의 길이가 됩니다.

원의 넓이 공식을 증명하는 그림은 다음과 같습니다.

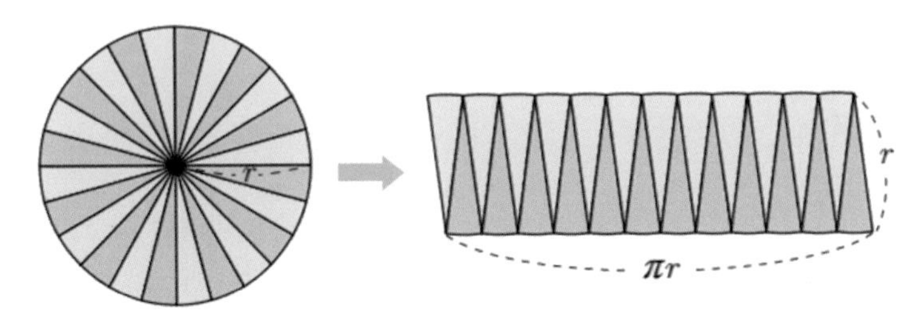

원을 24개의 부채꼴로 나누어 넓이를 구한 그림

이번에는 여러분이 알고 있는 원주율에 대해 챗GPT에게 질문해 볼까요?

원주율이란 무엇인가요?

원주율은 원의 둘레와 지름 사이의 비율을 나타내는 특별한 수입니다. 쉽게 말해, 아무리 크거나 작은 원이라도 원의 둘레를 지름으로 나누면 항상 같은 값이 나오는데, 이 값이 바로 원주율이에요.

- **기호:** 원주율은 보통 그리스 문자 **π (파이)**로 표기합니다.
- **값:** 원주율은 약 3.14159...로 끝없이 이어지는 소수입니다.
- **의미:** 원주율은 원의 크기를 나타내는 중요한 수치이며, 수학뿐만 아니라 과학, 공학 등 다양한 분야에서 활용됩니다.

왜 원주율이 중요할까요?

- **원의 둘레와 넓이 계산:** 원주율을 이용하면 원의 둘레와 넓이를 쉽게 계산할 수 있습니다.
- **원과 관련된 문제 해결:** 원과 관련된 다양한 문제를 해결하는 데 필수적인 수치입니다.

- **자연 현상 설명:** 자연 현상을 설명하는 데도 원주율이 사용됩니다. 예를 들어, 행성의 공전 궤도나 파동의 형태를 설명할 때 원주율이 활용됩니다.

원주율을 이용한 계산 예시

- **원의 둘레:** 원의 둘레 = 지름 × 원주율
- **원의 넓이:** 원의 넓이 = 반지름 × 반지름 × 원주율

더 궁금한 점이 있다면 언제든지 질문해주세요.

원주율은 원과 부채꼴의 넓이, 길이 계산에서 빠지지 않는 수입니다. 단 무한하게 나아가는 끝없는 수이므로 3.141592…로 끝을 알 수 없습니다. 그래서 초등학교 6학년 수학에 등장하는 원주율은 반올림하여 3.14로 계산하고 중학교 수학에서는 기호 π로 나타내고 파이로 읽습니다.

그리고 새롭게 알게 되는 부채꼴의 넓이 공식이 있습니다. 부채꼴의 넓이는 $\pi r^2 \times \frac{x}{360}$로 설명되었는데 또 다른 공식으로 $\frac{1}{2}lr$이 있습니다.

이 공식을 살펴보면 부채꼴의 반지름과 호의 길이로도 넓이를 구할 수 있다는 사실을 알 수 있습니다. 놀랍죠? 중심각을 몰라도 구할 수 있는 공식이니까요.

그렇다면 수학에서는 왜 이런 공식이 성립할까요? 챗GPT에게 질문해 보았습니다.

반지름과 호의 길이로 구할 수 있는 부채꼴의 넓이 공식을 증명해 주세요.

물론입니다! 반지름 r과 호의 길이 l을 이용하여 부채꼴의 넓이 $\frac{1}{2}lr$를 증명하는 과정을 설명해드릴게요.

1. **호의 길이 비율:**
   - 부채꼴의 호의 길이 l은 전체 원 둘레 $2\pi r$에 대한 비율로 나타낼 수 있습니다.
   - 이 비율은 $\frac{l}{2\pi r}$입니다.

2. **부채꼴의 넓이 비율**:
   - 부채꼴의 넓이는 전체 원의 넓이 πr^2에 호의 길이 비율 $\frac{l}{2\pi r}$을 곱하면 구할 수 있습니다:

$$\text{부채꼴의 넓이} = \pi r^2 \times \frac{l}{2\pi r}$$

3. **공식 정리**:
   - 위의 식을 정리하면 다음과 같이 됩니다:

$$\text{부채꼴의 넓이} = \pi r^2 \times \frac{l}{2\pi r} = \frac{lr}{2}$$

따라서, 반지름과 호의 길이를 이용하여 부채꼴의 넓이는 $\frac{1}{2}lr$로 증명할 수 있습니다. 😊

이렇게 호의 길이의 비율을 이용하여 부채꼴의 넓이를 쉽게 구할 수 있습니다! 📏📐

부채꼴의 넓이 공식을 그림으로 쉽게 증명하는 방법이 있습니다.

다음 그림을 챗GPT가 설명하는 순서와 비교해 보세요.

부채꼴의 넓이 공식을 그림으로 증명하는 방법을 알려 주세요.

부채꼴의 넓이 공식을 그림으로 증명하는 방법을 간단하게 설명해 드릴게요.

1. **부채꼴을 나누기**:
   - 부채꼴을 여러 개의 작은 부채꼴로 나누어 보세요. 이 작은 부채꼴들을 더 잘게 나누면, 각 부분이 삼각형에 가까운 모양이 됩니다.

2. **작은 삼각형의 넓이 구하기**:
   - 각 작은 삼각형의 밑변은 호의 일부이고, 높이는 반지름 r입니다.
   - 작은 삼각형의 넓이는 $\frac{1}{2} \times$ 밑변 $\times$ 높이로 구할 수 있습니다.

3. **삼각형을 번갈아 끼우기**:
   - 작은 삼각형들을 번갈아 끼우면, 호의 길이 l의 절반인 $\frac{l}{2}$와 반지름 r로 된 직사각형 모양이 됩니다.

4. **부채꼴의 넓이 구하기:**
   - 직사각형 모양의 넓이는 $\frac{l}{2} \times r$입니다.
   - 따라서 부채꼴의 넓이는 $\frac{1}{2}lr$로 증명됩니다.

이렇게 부채꼴을 나누어 직사각형 모양으로 만들고 넓이를 구하는 과정을 통해, 부채꼴의 넓이 공식을 쉽게 이해할 수 있습니다. 😊

이제 여러분이 각 단계를 그림으로 그려보면 더욱 명확하게 이해할 수 있을 거예요! 📏

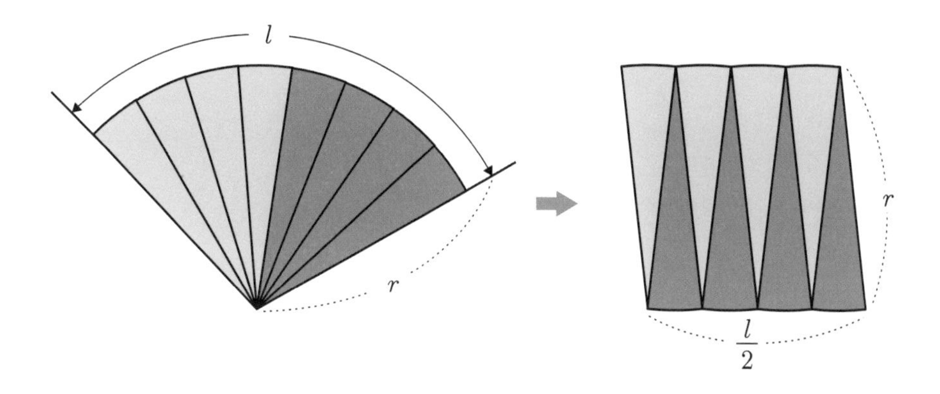

위의 그림과 챗GPT의 답변을 비교해 보니 이해가 쉬운가요?

이제 이에 대한 문제를 만들어 달라고 챗GPT에게 요청해 보겠습니다.

반지름과 호의 길이가 주어진 부채꼴의 넓이를 구하는 문제 만들어 주세요.

물론입니다! 반지름과 호의 길이가 주어진 부채꼴의 넓이를 구하는 문제 5개를 만들어 보겠습니다. 모든 문제의 단위는 cm로 설정하겠습니다.

문제 1

- 반지름 $r = 6$ cm
- 호의 길이 $l = 10$ cm

이 부채꼴의 넓이는 얼마입니까?

문제 2

- 반지름 $r = 8$ cm
- 호의 길이 $l = 12$ cm

이 부채꼴의 넓이는 얼마입니까?

문제 3

- 반지름 $r = 5$ cm
- 호의 길이 $l = 9$ cm

이 부채꼴의 넓이는 얼마입니까?

문제 4

- 반지름 $r = 7$ cm
- 호의 길이 $l = 14$ cm

이 부채꼴의 넓이는 얼마입니까?

문제 5

- 반지름 $r = 10$ cm
- 호의 길이 $l = 20$ cm

이 부채꼴의 넓이는 얼마입니까?

풀이 방법

부채꼴의 넓이 S는 다음 공식을 사용하여 구할 수 있습니다:

$$S = \frac{1}{2}lr$$

이 공식을 사용하여 각 문제를 풀어보세요. 도움이 되었길 바랍니다! 추가로 궁금한 점이 있으면 언제든지 말씀해 주세요. 😊

풀이를 챗GPT에게 요청하겠습니다.

여러분이라면 챗GPT의 풀이를 이해할 수 있을 것입니다. 혹시 좀 어렵게 느껴진다면 무엇이 이해가 안 가는지 챗GPT에게 계속 질문해 보세요. 챗GPT를 이용한 자기 주도 학습에서는 이게 무척 중요하다는 것을 잊지 마세요.

풀어 주세요.

물론입니다! 주어진 문제들을 풀어보겠습니다.

문제 1

- **반지름** $r = 6$ **cm**
- **호의 길이** $l = 10$ **cm**

부채꼴의 넓이 S는 다음 공식을 사용하여 구할 수 있습니다:

$$S = \frac{1}{2}lr$$

풀이:

$$S = \frac{1}{2} \times 10 \times 6$$

$$S = \frac{1}{2} \times 60$$

$$S = 30\,(\mathrm{cm}^2)$$

따라서, 부채꼴의 넓이는 $30\,(\mathrm{cm}^2)$입니다.

문제 2

- **반지름** $r = 8$ **cm**
- **호의 길이** $l = 12$ **cm**

부채꼴의 넓이 S는 다음 공식을 사용하여 구할 수 있습니다:

$$S = \frac{1}{2}lr$$

풀이:

$$S = \frac{1}{2} \times 12 \times 8$$

$$S = \frac{1}{2} \times 96$$

$$S = 48\,(\mathrm{cm}^2)$$

따라서, 부채꼴의 넓이는 $48\,(\mathrm{cm}^2)$입니다.

문제 3

- **반지름** $r = 5$ **cm**
- **호의 길이** $l = 9$ **cm**

부채꼴의 넓이 S는 다음 공식을 사용하여 구할 수 있습니다:

$$S = \frac{1}{2}lr$$

풀이:

$$S = \frac{1}{2} \times 9 \times 5$$

$$S = \frac{1}{2} \times 45$$

$$S = 22.5\ (\mathrm{cm}^2)$$

따라서, 부채꼴의 넓이는 $22.5\ (\mathrm{cm}^2)$입니다.

문제 4

- **반지름** $r = 7$ **cm**
- **호의 길이** $l = 14$ **cm**

부채꼴의 넓이 S는 다음 공식을 사용하여 구할 수 있습니다.

$$S = \frac{1}{2}lr$$

풀이:

$$S = \frac{1}{2} \times 14 \times 7$$

$$S = \frac{1}{2} \times 98$$

$$S = 49\ (\mathrm{cm}^2)$$

따라서, 부채꼴의 넓이는 $49\ (\mathrm{cm}^2)$입니다.

문제 5

- **반지름** $r = 10$ **cm**
- **호의 길이** $l = 20$ **cm**

부채꼴의 넓이 S는 다음 공식을 사용하여 구할 수 있습니다.

$$S = \frac{1}{2}lr$$

풀이:

$$S = \frac{1}{2} \times 20 \times 10$$

$$S = \frac{1}{2} \times 200$$

$$S = 100\ (\mathrm{cm}^2)$$

따라서, 부채꼴의 넓이는 $100\ (\mathrm{cm}^2)$입니다.

이렇게 각 문제를 풀어 보았습니다. 더 궁금한 점이나 다른 질문이 있다면 언제든지 말씀해 주세요! 😊

이제는 원과 직선의 위치 관계에 대해 알아보겠습니다.

원과 직선의 관계를 설명하세요.

✦ 원과 직선의 관계

원과 **직선**은 우리 주변에서 흔히 볼 수 있는 도형입니다. 둥근 모양의 원과 쭉 뻗은 직선이 만나면 어떤 일이 벌어질까요?

원과 직선이 만나는 모습

원과 직선은 크게 세 가지 방법으로 만날 수 있습니다.

1. **두 점에서 만날 때:** 마치 사과를 칼로 쓱 잘라서 두 조각이 나듯이, 직선이 원을 두 번 싹둑 잘라내는 모습입니다.
2. **한 점에서 만날 때:** 직선이 원에 딱 붙어서 한 점에서만 만나는 모습입니다. 이때 직선을 **접선**이라고 부릅니다.
3. **만나지 않을 때:** 직선과 원이 전혀 닿지 않고 멀리 떨어져 있는 모습입니다.

왜 이렇게 다르게 만날까요?

그것은 바로 **원의 중심에서 직선까지의 거리(d)**와 **원의 반지름(r)**의 크기를 비교해 보면 알 수 있습니다.

- **$d < r$ (거리가 반지름보다 작을 때):** 직선이 원 안쪽으로 들어와서 두 점에서 만나게 됩니다.

- **$d = r$ (거리가 반지름과 같을 때):** 직선이 원에 딱 붙어서 한 점에서만 만나게 됩니다.
- **$d > r$ (거리가 반지름보다 클 때):** 직선이 원 밖에 있어서 전혀 만나지 않습니다.

더 궁금한 점이 있다면?

- **원의 중심과 직선 사이의 거리(d)를 어떻게 구하는지 궁금하세요?**
- **접선이 왜 중요한지 알고 싶으세요?**
- **다른 도형과의 관계도 알고 싶으세요?**

무엇이든지 물어보세요.

핵심 정리

- 원과 직선은 두 점, 한 점, 또는 만나지 않을 수 있습니다.
- **원의 중심에서 직선까지의 거리(d)와 반지름(r)의 크기를 비교하면 만나는 모습을 알 수 있습니다.**
- $d < r$ 이면 두 점에서 만나고, $d = r$ 이면 한 점에서 만나고, $d > r$ 이면 만나지 않습니다.
- 접선은 원에 한 점에서만 닿는 직선입니다.

재미있는 문제를 풀어볼까요?

1. 동그란 풍선에 빨대를 꽂아봐요. 어떤 모습이 될까요?
2. 원 안에 직선을 여러 개 그려보고, 어떤 모습이 나오는지 관찰해 보세요.

더 많은 것을 알고 싶다면, 선생님이나 부모님께 질문하거나, 수학책을 참고해 보세요!

챗GPT는 서로 다른 두 점에서 만나는 경우와 한 점에서 만나는 경우, 만나지 않는 경우의 3가지를 설명했습니다.

이것은 다음 그림처럼 원과 직선의 위치 관계 3가지로 나타납니다.

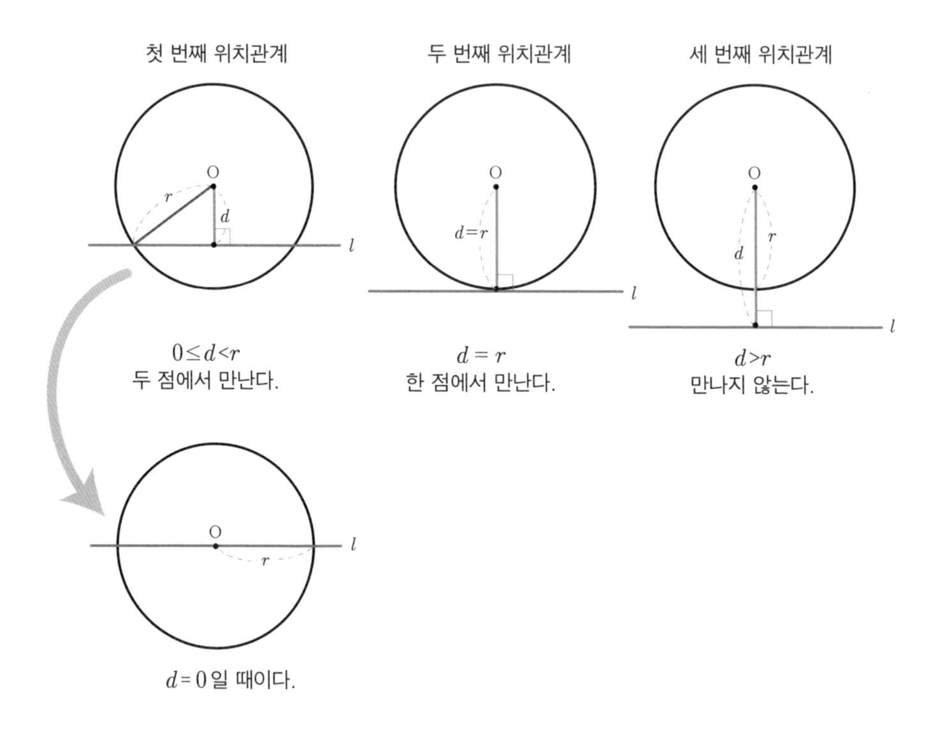

그림에서 보이는 바와 같이 3개의 위치관계가 그림으로 나타나 있습니다. 위 그림은 포털사이트에서 '원과 직선의 위치관계'를 검색하면 얼마든지 찾을 수 있습니다. 도형에 관한 단원은 그림을 꼭 확인하도록 하세요.

두 개의 원의 위치관계도 그림으로 확인하면 더 쉽게 이해할 수 있습니다. 챗GPT에게 질문하도록 하겠습니다.

두 원의 위치관계에 대해 설명해 주세요.

두 원의 위치 관계는 두 원의 중심 거리와 반지름의 길이에 따라 다음과 같이 6가지로 분류할 수 있습니다.

1. 서로 다른 두 점에서 만나는 경우

- 두 원의 중심 거리가 두 원의 반지름의 합보다 작고, 두 원의 반지름의 차의 절댓값보다 클 때 두 원은 서로 다른 두 점에서 만납니다.

2. 외접하는 경우

- 두 원의 중심 거리가 두 원의 반지름의 합과 같을 때 두 원은 한 점에서 외접합니다.

3. 내접하는 경우

- 두 원의 중심 거리가 두 원의 반지름의 차의 절댓값과 같을 때 두 원은 한 점에서 내접합니다.

4. 한 원이 다른 원의 내부에 있는 경우

- 두 원의 중심 거리가 두 원의 반지름의 차의 절댓값보다 작을 때 한 원은 다른 원의 내부에 있습니다.

5. 서로 만나지 않는 경우

- 두 원의 중심 거리가 두 원의 반지름의 합보다 클 때 두 원은 서로 만나지 않습니다.

6. 동심원

- 두 원의 중심이 일치하는 경우 두 원을 동심원이라고 합니다. 동심원은 만나지 않는 경우에 해당하지만, 특별히 따로 분류합니다.

참고:

- 두 원의 중심 거리: 두 원의 중심을 연결한 선분의 길이
- 반지름: 원의 중심에서 원주 위의 한 점까지의 거리

그 외:

- 두 원이 일치하는 경우도 있지만, 일반적으로는 위 6가지 경우로 분류합니다.

두 개의 원은 6가지의 위치관계에 있습니다. 그림을 보는 것도 중요하지만 확실하게 이해하는 것도 중요하니까 너무 급하게 넘어가려고 하지 말고 천천히 살펴보세요. 이 부분은 실수하기 쉬운 부분이기도 합니다.

위의 챗GPT 내용에서 두 개의 원 중 어느 원이 더 크고 작은지를 알 수 없기 때문

에 두 원의 반지름의 차를 절댓값으로 정했습니다. 그러나 큰 원을 r, 작은 원을 r'으로 정하면 절댓값을 사용하지 않아도 설명이 됩니다. 중심거리를 d로 나타내면 두 원의 위치관계를 다음처럼 나타낼 수 있습니다.

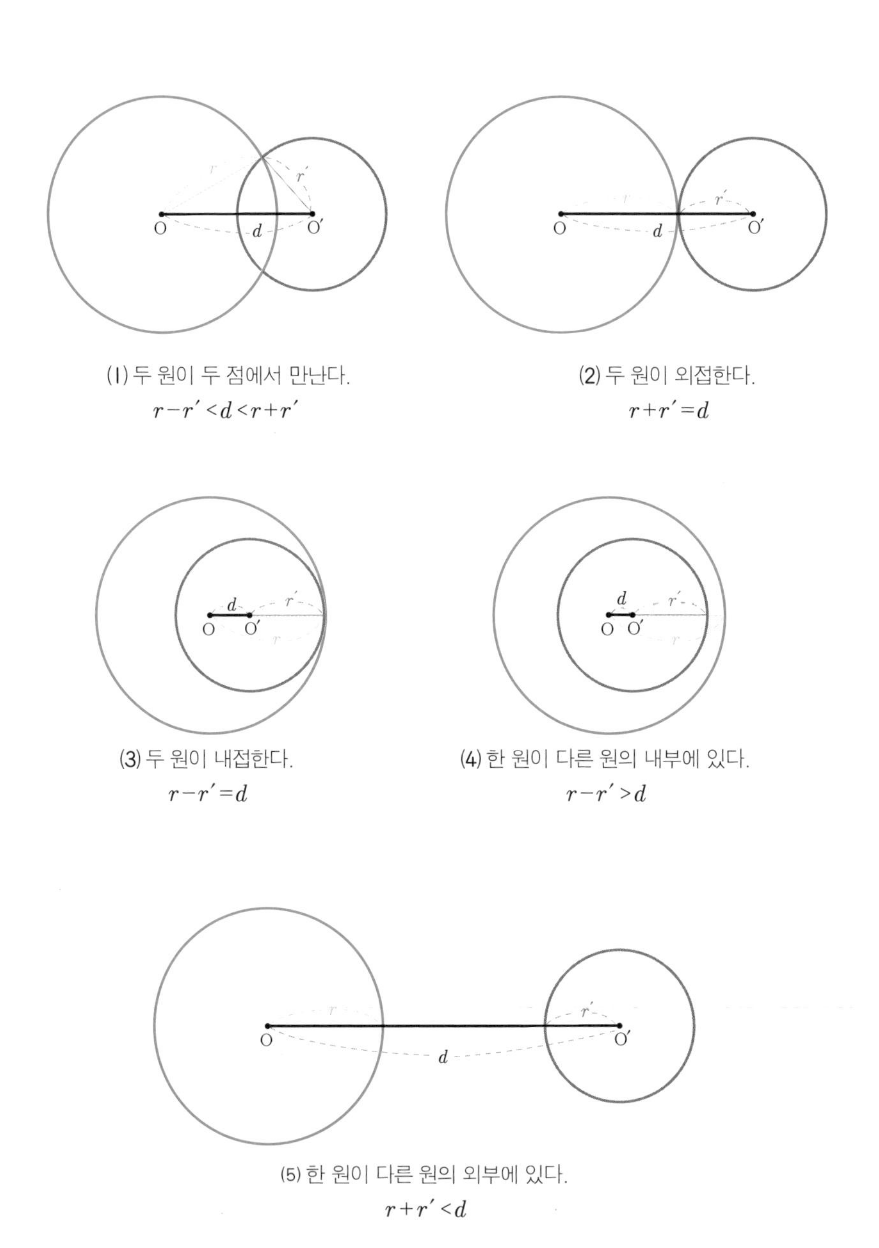

(1) 두 원이 두 점에서 만난다.

$r-r'<d<r+r'$

(2) 두 원이 외접한다.

$r+r'=d$

(3) 두 원이 내접한다.

$r-r'=d$

(4) 한 원이 다른 원의 내부에 있다.

$r-r'>d$

(5) 한 원이 다른 원의 외부에 있다.

$r+r'<d$

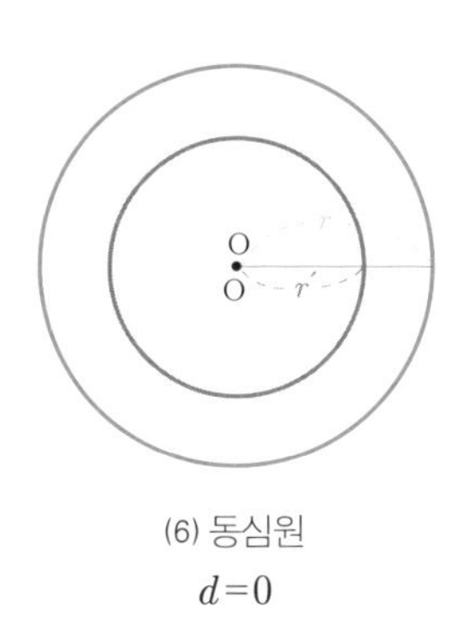

(6) 동심원

$d=0$

교과서마다 위치관계의 순서가 다른 경우도 있으나 6가지인 것은 분명합니다. 따라서 6가지의 위치관계가 무엇인지 그림으로 확인하는 것이 좋습니다.

똑똑!! 기억하세요.

평면도형은 처음 알게 되는 공식들이 많습니다. 그래서 공식과 함께 계산하는 것을 소홀히 하면 안 됩니다. 위치관계도 중요한 중단원입니다. 그림을 그려보면서 확인 학습해 보세요.

챗GPT의 답변 내용을 이해하기 어려우면 '쉽게 설명해 주세요'와 '초등학생이 이해하도록 설명해 주세요'로 자세한 설명을 요구하면 됩니다.

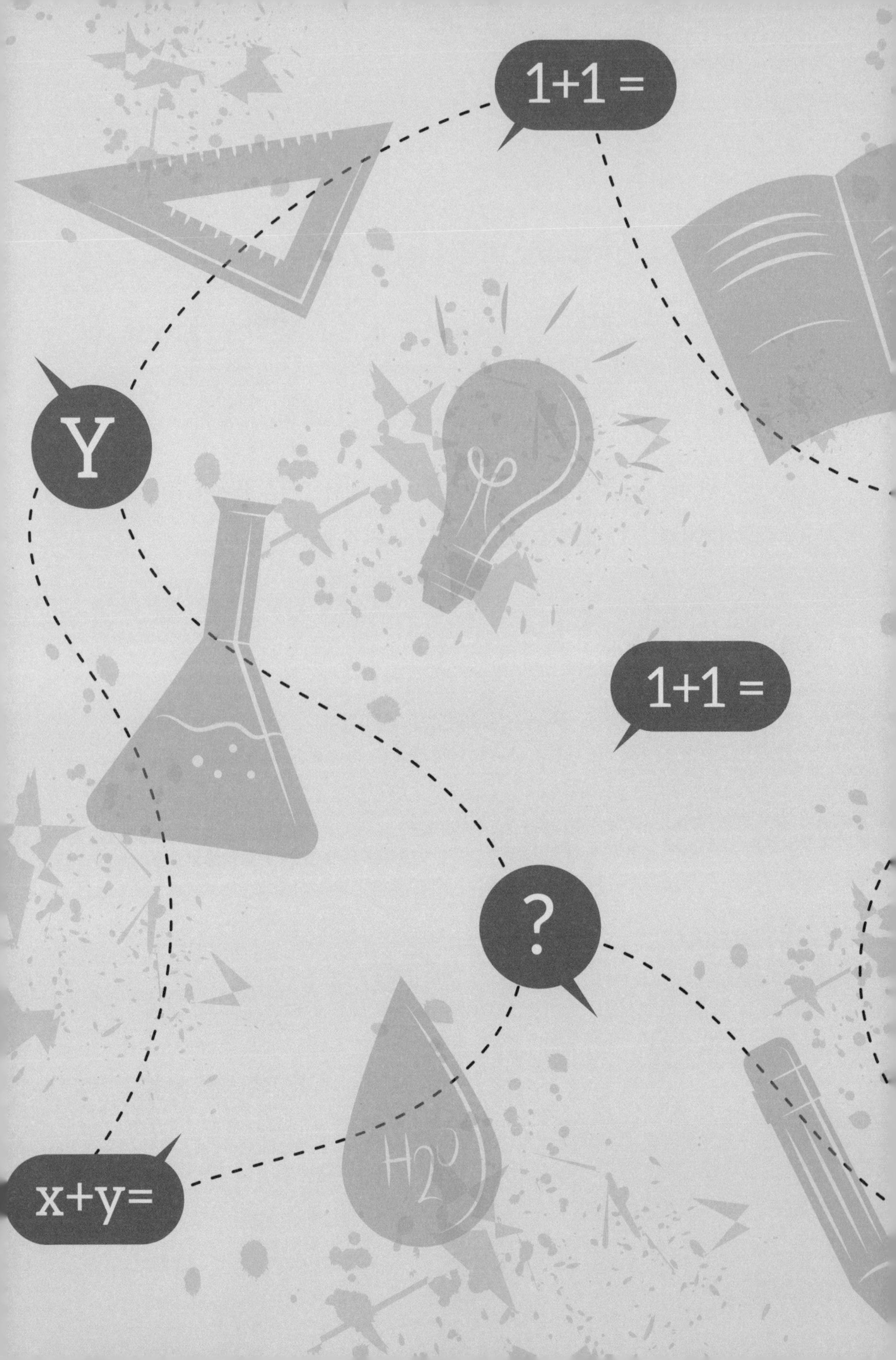

1+1 =
Y
1+1 =
?
x+y=
H2O

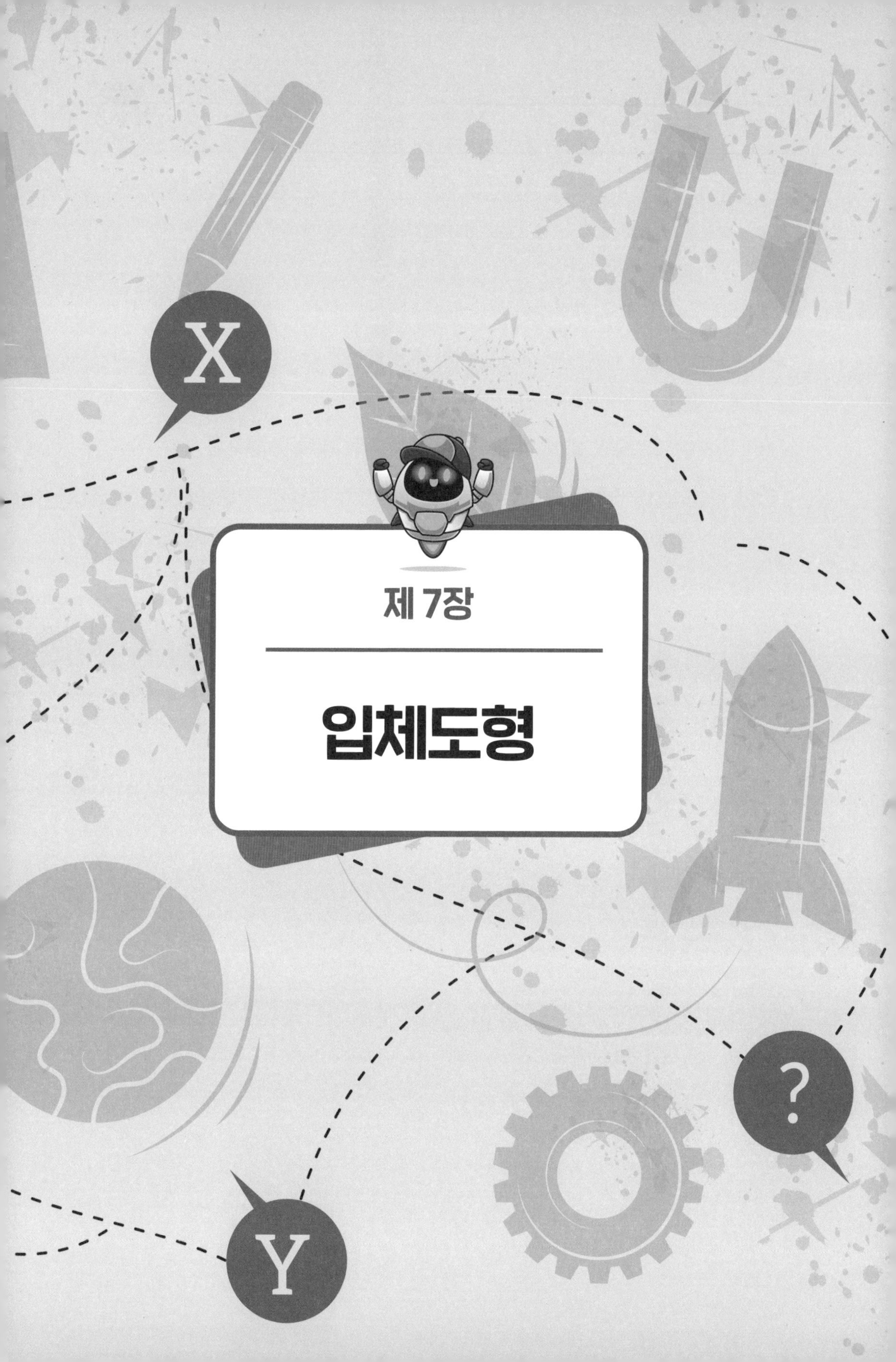
X
제 7장
입체도형
?
Y

입체도형은 초등학교 과정에서 배운 부분도 있을 것이며, 중학교 1학년 수학에서는 입체도형의 성질과 겉넓이와 부피를 구하는 공식을 문자화하여 숫자를 대입하여 직접 구해 보면서 더 많은 것을 배우게 되는 단원입니다.

여기서 챗GPT로 공부할 때 미리 알고 있어야 하는 것이 있습니다.

챗GPT의 환경에 따라 겉넓이가 A로 나오는 경우가 있다는 것입니다.

겉넓이는 영어로 Surface Area인데 외국에서는 보통 A로 나타내지만 우리나라는 S로 많이 나타냅니다. 부피는 Volume의 V로 나타내며 전 세계 공통입니다.

입체도형 단원을 한 번 읽어 본 후 잘 모르는 부분이 있다면 챗GPT에게 질문해 이해가 될 때까지 답을 찾아보세요.

이 책에서는 입체도형의 내용을 교과서의 목차를 중심으로 중단원 두 부분으로 나누어 설명하고자 합니다. 중단원의 제목대로 다면체와 회전체로 챗GPT에게 질문하게 되면 순서대로 학습할 수 있습니다.

다면체 중단원에서는 다면체가 무엇인지에 대한 정의로 시작합니다. 여러분은 사면체와 육면체, 팔면체를 이미 알 것입니다. 또한 다면체의 명칭은 면의 개수로 결정된다는 것도 알고 있을 것입니다.

사면체라면 학 알이나 피라미드 모양을 떠올려 보세요. 육면체는 주사위나 지우개, 스마트 폰 등을 떠올리면 됩니다. 팔면체는 보석이나 큐브를 생각해 보세요.

그렇다면 다면체는 이것만 있을까요?

챗GPT에게 다면체가 무엇인지 질문하고 알아보도록 하죠.

다면체는 무엇인가요?

다면체는 여러 개의 평평한 면으로 둘러싸인 입체 도형을 말합니다. 우리 주변에서 쉽게 찾아볼 수 있는 상자, 주사위, 피라미드 등이 모두 다면체에 속합니다.

다면체의 구성 요소

- **면:** 다면체를 구성하는 평평한 부분입니다. 모두 다각형의 모양을 하고 있습니다.
- **모서리:** 두 개의 면이 만나는 선을 말합니다.
- **꼭짓점:** 여러 개의 모서리가 만나는 점을 말합니다.

다면체의 종류

다면체는 다양한 모양과 크기를 가지고 있습니다. 대표적인 다면체로는 다음과 같은 것들이 있습니다.

- **정다면체:** 모든 면이 합동인 정다각형이고, 각 꼭짓점에 모이는 면의 수가 모두 같은 볼록 다면체입니다. 정사면체, 정육면체, 정팔면체, 정십이면체, 정이십면체가 있습니다.

- **각기둥:** 두 개의 합동인 다각형을 밑면으로 하고, 옆면이 모두 직사각형인 다면체입니다.
- **각뿔:** 하나의 다각형을 밑면으로 하고, 옆면이 모두 삼각형인 다면체입니다.
- **각뿔대:** 각뿔을 밑면에 평행한 평면으로 잘라서 생기는 두 입체도형 중에서 각뿔이 아닌 쪽의 다면체를 각뿔대라고 합니다.

다면체의 활용

다면체는 우리 생활 곳곳에서 활용됩니다.

- **건축:** 건물의 외형, 구조물 등 다양한 곳에 다면체의 원리가 적용됩니다.
- **예술:** 조각, 건축 디자인 등 예술 작품에서 다면체의 아름다움을 찾아볼 수 있습니다.
- **과학:** 결정체, 바이러스 등 자연 속에서 다면체의 형태를 발견할 수 있습니다.

왜 다면체를 배우나요?

다면체를 배우면 공간 감각을 키우고, 입체적인 사고력을 향상시킬 수 있습니다. 또한, 다면체의 성질을 이해하면 건축, 디자인, 과학 등 다양한 분야에서 문제를 해결하는 데 도움이 됩니다.

더 궁금한 점이 있다면 언제든지 질문해주세요!

- **특정 다면체에 대해 더 자세히 알고 싶으신가요?**
- **다면체의 부피나 겉넓이를 구하는 방법이 궁금하신가요?**
- **다면체와 관련된 문제를 풀고 싶으신가요?**

다양한 질문에 성심껏 답변해 드리겠습니다.

다면체에 관한 질문을 챗GPT에게 했더니 다면체와 정다면체에 대해 설명하고 있습니다. 다면체는 정다면체가 아닌 다각형인 면만으로 둘러싸인 입체도형임도 알 수 있었습니다.

중학교 1학년 다면체를 소개하는 단원에서는 수많은 다면체 중에서 각기둥과 각뿔, 각뿔대로 크게 나누고 있습니다. 다면체를 전부 배운다는 것은 불가능하기 때문이죠. 그래서 대표적 특징만 기억하면 됩니다.

이번에는 각기둥과 각뿔, 각뿔대에 대해 챗GPT에게 물어보겠습니다.

각기둥과 각뿔,각뿔대에 대해 알려주세요.

각기둥, 각뿔, 각뿔대에 대한 자세한 설명

각기둥

각기둥은 우리 주변에서 쉽게 찾아볼 수 있는 입체도형 중 하나입니다.

- **정의:** 두 밑면이 서로 평행하고 합동인 다각형으로 이루어진 입체도형입니다.
- **특징:**
  - 옆면은 모두 직사각형입니다.
  - 밑면의 모양에 따라 삼각기둥, 사각기둥, 오각기둥 등으로 불립니다.
  - 밑면의 변의 수와 옆면의 수는 같습니다.
- **예시:** 연필, 상자, 프리즘 등

각뿔

각뿔은 뾰족한 꼭짓점을 가진 입체도형입니다.

- **정의:** 밑면이 다각형이고, 옆면이 모두 삼각형인 입체도형입니다.
- **특징:**
  - 밑면의 모양에 따라 삼각뿔, 사각뿔, 오각뿔 등으로 불립니다.
  - 밑면의 변의 수와 옆면의 수는 같습니다.
- **예시:** 뾰족한 지붕, 피라미드 등

각뿔대

각뿔대는 각뿔을 밑면에 평행한 평면으로 잘라서 생기는 입체도형입니다.

- **정의:** 밑면이 서로 평행하고 두 개의 서로 다른 다각형으로 이루어진 입체도형입니다
- **특징:**

- 옆면은 모두 사다리꼴입니다.
- 밑면의 모양에 따라 삼각뿔대, 사각뿔대, 오각뿔대 등으로 불립니다.

- **예시:** 일부 전등갓과 건축물의 지붕 등

세 도형 비교

구분	각기둥	각뿔	각뿔대
밑면	2개의 합동인 다각형	1개의 다각형	2개의 서로 다른 다각형
옆면	직사각형	삼각형	사다리꼴

좀 더 깊이 알아보기

- **전개도:** 입체도형을 평면에 펼쳐놓은 그림입니다. 각 도형의 전개도를 그려보면 각 도형의 특징을 더욱 잘 이해할 수 있습니다.
- **겉넓이와 부피:** 각 도형의 겉넓이와 부피를 구하는 공식을 배우면 다양한 문제를 해결할 수 있습니다.
- **실생활에서의 활용:** 우리 주변의 많은 물건들이 각기둥, 각뿔, 각뿔대의 모양을 하고 있습니다. 주변을 살펴보며 어떤 물건들이 어떤 도형의 모양을 하고 있는지 찾아보는 것도 좋은 학습 방법입니다.

궁금한 점이 있다면 언제든지 질문해주세요.

예시 질문:

- 각기둥과 각뿔의 차이점은 무엇인가요?
- 삼각뿔의 겉넓이를 구하는 공식은 무엇인가요?
- 각뿔대의 전개도를 그려주세요.

다음에 어떤 내용을 더 알고 싶으신가요?

- 각 도형의 겉넓이와 부피 구하는 방법
- 다양한 입체도형의 예시
- 입체도형과 관련된 문제 풀이 등

이제 정다면체에 대해 알아볼까요?

정다면체의 종류는 5개입니다. 챗GPT가 아직은 정다면체의 이미지와 전개도를 한데 모아 보여 줄 정도로 개발되지 않아서 직접 이미지와 함께 다면체 전개도를 보여 드리겠습니다.

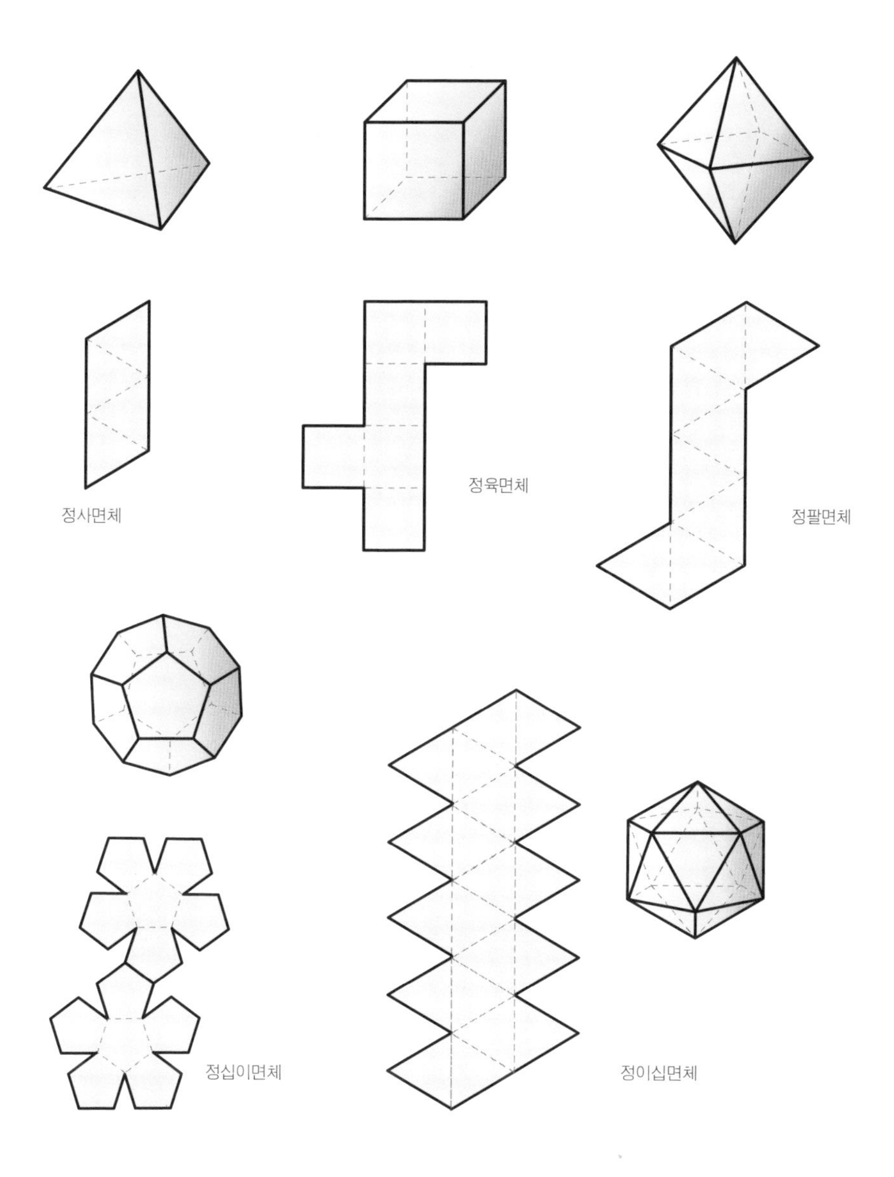

위의 이미지는 정다면체의 겨냥도와 전개도입니다. 정다면체의 그림은 포털사이트에서 '정다면체'를 검색하면 다양하게 찾을 수 있습니다.

이 중 정십이면체와 정이십면체는 직접 그리기 어려우므로 이미 올려진 그림과 전개도를 잘 살펴보세요. 그림을 그려주지는 않지만 정다면체의 꼭짓점과 모서리, 면의 개수가 한 눈에 보이도록 도표로 나타내는 것은 챗GPT도 가능합니다.

정다면체의 꼭짓점,모서리,면의 개수를 도표로 보여주세요

정다면체의 꼭짓점, 모서리, 면의 개수

정다면체는 모든 면이 합동인 정다각형으로 이루어진 입체도형입니다. 총 5가지 종류가 있으며, 각각의 꼭짓점, 모서리, 면의 개수가 다릅니다. 아래 표를 통해 확인해 보세요.

정다면체	꼭짓점의 수 (v)	모서리의 수 (e)	면의 수 (f)
정사면체	4	6	4
정육면체	8	12	6
정팔면체	6	12	8
정십이면체	20	30	12
정이십면체	12	30	20

정다면체의 특징

- **정사면체:** 모든 면이 정삼각형으로 이루어진 가장 간단한 정다면체입니다.
- **정육면체:** 모든 면이 정사각형으로 이루어진 입체도형으로, 주사위나 상자가 대표적인 예입니다.
- **정팔면체:** 모든 면이 정삼각형으로 이루어진 정다면체로, 정사각뿔을 밑면에서 맞대면 정팔면체의 구조가 만들어집니다.
- **정십이면체:** 모든 면이 정오각형으로 이루어진 정다면체입니다.
- **정이십면체:** 모든 면이 정삼각형으로 이루어진 정다면체로, 축구공의 표면이 이 정다면체의 꼭짓점을 잘라 만든 깎은 정이십면체입니다.

오일러의 다면체 정리

위 표의 값들을 보면 흥미로운 패턴을 발견할 수 있습니다. 바로 **오일러의 다면체 정리**입니다.

- **오일러의 다면체 정리:** 임의의 볼록 다면체에서 꼭짓점의 수(v)에서 모서리의 수(e)를 빼고 면의 수(f)를 더하면 항상 2가 나온다. 즉, **v - e + f = 2**

정다면체의 활용

정다면체는 자연에서 쉽게 찾아볼 수 있는 아름다운 형태이며, 건축, 디자인, 과학 등 다양한 분야에서 활용됩니다. 예를 들어, 축구공은 정이십면체를 기본으로 만들어졌고, 바이러스의 형태도 정다면체와 비슷한 경우가 많습니다.

더 궁금한 점이 있다면 언제든지 질문해주세요.

- 특정 정다면체에 대한 더 자세한 정보를 원하시나요?
- 정다면체를 활용한 예시를 더 알고 싶으신가요?
- 정다면체와 관련된 다른 개념에 대해 궁금하신가요?

예시 질문:

- "정십이면체는 어떤 특징을 가지고 있나요?"
- "정다면체를 이용하여 어떤 것을 만들 수 있나요?"
- "오일러의 다면체 정리를 증명해 볼 수 있을까요?"

친절하게 답변해 드리겠습니다.

챗GPT가 설명하는 정십이면체와 정이십면체를 비교해 보세요. 정십이면체가 정이십면체보다 꼭짓점의 개수가 더 많습니다. 더 적을 것 같은데 더 많다니 너무 이상하지 않나요?

이제 겨냥도를 보면서 꼭짓점의 개수를 직접 세어 볼까요? 챗GPT의 말이 맞나요?

정십이면체와 정이십면체의 모서리의 개수도 살펴보세요. 30개로 같습니다.

챗GPT가 알려준 이런 내용은 그림을 관찰해야 알 수 있습니다. 따라서 챗GPT를 이용해 여러 가지를 살펴보는 것도 중요하지만 이렇게 궁금한 것이 있다면 인터넷으로 검색해 직접 꼭짓점, 모서리, 면의 개수를 세어 확인해 보는 과정도 한 번은 꼭 해야 해요. 도형에서는 눈으로 직접 세는 경험을 통해 기억하면 오랫동안 잊어버리지 않을 수 있습니다.

여러분은 혹시 지오데식 돔이란 것을 본 적이 있나요? 지오데식 돔은 건물이나 놀이 공원 등 다양한 곳에서 볼 수 있습니다.

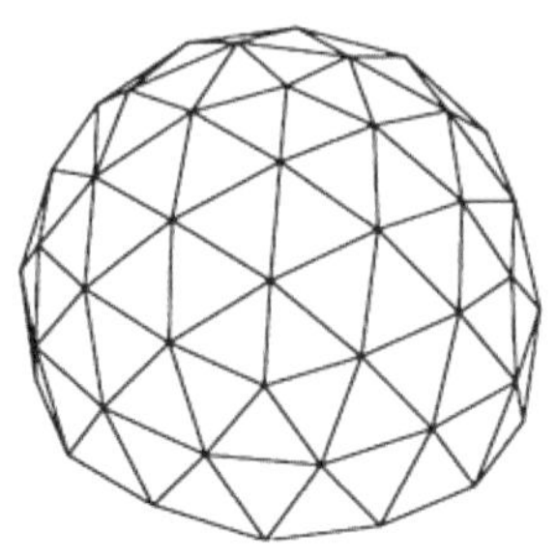

지오데식 돔은 정다면체 모양 같은데 챗GPT에게 물어볼까요?

지오데식 돔은 정다면체인가요?

✦ 지오데식 돔은 정다면체가 아니에요!

지오데식 돔은 정다면체를 기본으로 하여 만들어진 구조물이지만, **정다면체 자체는 아니에요.**

왜 정다면체가 아닐까요?

- **정다면체의 정의:** 정다면체는 모든 면이 똑같은 크기와 모양의 정다각형으로 이루어진 입체도형이에요. 예를 들어, 주사위처럼 생긴 정육면체는 모든 면이 정사각형으로 이루어져 있죠.
- **지오데식 돔의 특징:** 지오데식 돔은 정다면체를 기본으로 하여 삼각형들을 더 잘게 쪼개고 붙여서 만든 거예요. 마치 축구공을 여러 조각으로 쪼개서 다시 붙인 것처럼 말이죠. 즉, 모든 면이 똑같은 정다각형으로만 이루어져 있지 않다는 점에서 정다면체와 달라요.

쉽게 설명하면?

- **정다면체:** 주사위처럼 생긴 완벽한 정육면체를 생각해 보세요. 모든 면이 똑같은 정사각형으로 이루어져 있죠.
- **지오데식 돔:** 축구공을 떠올려 보세요. 축구공은 여러 개의 정오각형과 정육각형이 모여 만들어졌지만, 정다면체처럼 모든 면이 똑같은 모양은 아니

죠. 지오데식 돔도 마찬가지로 다양한 크기와 모양의 삼각형들이 모여 만들어진 거예요.

따라서 지오데식 돔은 정다면체의 특징을 가지고 있으면서도, 더욱 복잡하고 다양한 형태를 만들 수 있는 구조물이라고 할 수 있어요.

왜 지오데식 돔을 만들까요?

- **튼튼함:** 삼각형은 가장 안정적인 도형이기 때문에, 삼각형들이 모여 만들어진 지오데식 돔은 매우 튼튼해요.
- **경제성:** 적은 재료로도 큰 공간을 만들 수 있어서 건축 비용을 절감할 수 있어요.
- **미적 아름다움:** 독특하고 아름다운 외형으로 많은 사람들에게 사랑받고 있어요.

지오데식 돔은 건축, 과학, 예술 등 다양한 분야에서 활용되고 있는 매우 흥미로운 구조물이에요.

더 궁금한 점이 있다면 언제든지 물어보세요!

챗GPT는 지오데식 돔이 정다면체를 바탕으로 만든 건축물이지만 정다면체는 아니라고 하네요. 정다면체인 줄 알았는데 아니라고 설명해 주어 궁금증 하나가 풀렸습니다.

계속해서 이번에는 회전체에 대해 알아보겠습니다. 회전체가 무엇인지부터 챗GPT에게 질문하겠습니다.

회전체는 무엇인가요?

회전체는 평면도형을 한 직선(회전축)을 중심으로 회전시켜 만들어지는 입체도형입니다. 마치 바퀴가 회전하면서 공간을 채우는 모습을 상상하면 쉽게 이해할 수 있습니다.

회전체가 만들어지는 과정

1. **평면도형 선택:** 원, 삼각형, 사각형 등 다양한 평면도형을 선택합니다.
2. **회전축 설정:** 선택한 평면도형 내의 한 직선을 회전축으로 정합니다.
3. **회전:** 평면도형을 회전축을 중심으로 360° 회전시킵니다.
4. **입체도형 완성:** 회전이 완료되면 새로운 입체도형, 즉 회전체가 만들어집니다.

다양한 회전체의 예시

- **원기둥:** 직사각형을 한 변을 축으로 회전시켜 만들어집니다.
- **원뿔:** 직각삼각형을 한 변을 축으로 회전시켜 만들어집니다.
- **구:** 반원을 지름을 축으로 회전시켜 만들어집니다.
- **원뿔대:** 사다리꼴을 한 변을 축으로 회전시켜 만들어집니다.

회전체의 특징

- **회전축을 중심으로 대칭:** 회전축을 기준으로 양쪽이 완전히 똑같습니다.
- **단면의 모양:** 회전축에 수직인 평면으로 자르면 항상 원이 나옵니다.

회전체의 활용

회전체는 우리 주변에서 쉽게 찾아볼 수 있습니다.

- **건축:** 돔 형태의 건물, 원기둥 모양의 기둥 등
- **자동차:** 타이어, 엔진 부품 등
- **생활용품:** 컵, 컵라면 용기, 깔대기 등

왜 회전체를 배우나요?

회전체는 수학뿐만 아니라 과학, 공학 등 다양한 분야에서 활용됩니다. 회전체의 성질을 이해하면 주변의 사물을 더 깊이 있게 관찰하고 분석할 수 있습니다.

더 궁금한 점이 있다면 언제든지 질문해주세요!

회전체의 예이자 종류로 원기둥과 원뿔, 구, 원뿔대를 설명하고 있습니다.

각기둥과 각뿔의 겉넓이와 부피에 관한 문제를 챗GPT에게 질문하여 더 많은 문제를 풀어보면 실력을 부쩍 올릴 수도 있습니다.

우선 공식부터 알아야 하겠지요? 각기둥과 각뿔의 공식을 알아보겠습니다.

각기둥의 겉넓이와 부피 구하는 공식을 알려 주세요.

✦ 각기둥의 겉넓이와 부피 구하는 공식

각기둥의 겉넓이

각기둥의 겉넓이는 밑면의 넓이와 옆면의 넓이의 합으로 구합니다.

- **밑넓이:** 밑면의 모양에 따라 다릅니다. 예를 들어, 삼각기둥의 밑넓이는 삼각형의 넓이, 사각기둥의 밑넓이는 사각형의 넓이입니다.
- **옆넓이:** 옆면은 모두 직사각형이므로, 각 옆면의 넓이를 모두 더하면 됩니다.

따라서, 각기둥의 겉넓이 = (밑넓이 × 2) + 옆넓이

각기둥의 부피

각기둥의 부피는 밑넓이에 높이를 곱하여 구합니다.

각기둥의 부피 = 밑넓이 × 높이

간단한 공식으로 표현하면

- **S:** 밑넓이 (Base Area)
- **h:** 높이 (height)

각기둥의 부피 = Sh

예시: 직육면체

- **밑넓이:** 가로 × 세로
- **옆넓이:** (가로 + 세로) × 높이 × 2
- **부피:** 가로 × 세로 × 높이

요약

도형	겉넓이	부피
각기둥	(밑넓이 × 2) + 옆넓이	밑넓이 × 높이 (Sh)

다른 종류의 각기둥의 겉넓이와 부피를 구할 때는 밑면의 모양에 따라 밑넓이를 구하는 공식만 달라진다는 점을 기억하세요.

궁금한 점이 있다면 언제든지 물어보세요.

- 예를 들어, "삼각기둥의 겉넓이를 구하는 방법을 알려주세요." 와 같이 질문할 수 있습니다.
- 또는 "원기둥의 부피를 구하는 공식은 무엇인가요?" 라고 물어볼 수도 있습니다.

더 자세한 설명이나 예시가 필요하시면 언제든지 말씀해주세요.

그러면 이번에는 사각기둥으로 겉넓이와 부피를 구하는 문제를 질문해 보겠습니다. 그림을 캡쳐하여 챗GPT에게 겉넓이와 부피를 구해달라고 요청했습니다.

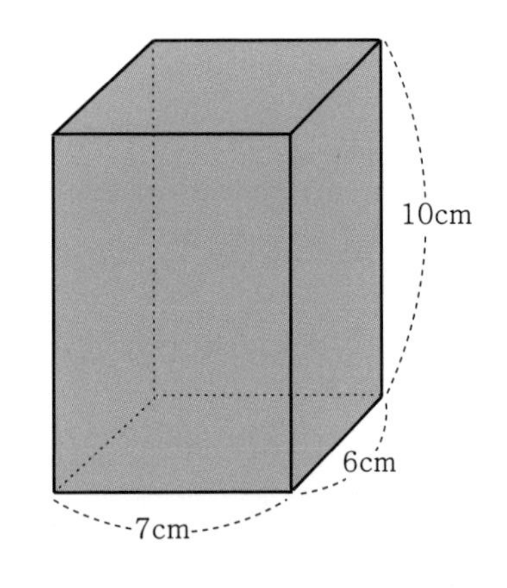

겉넓이와 부피를 구하세요.

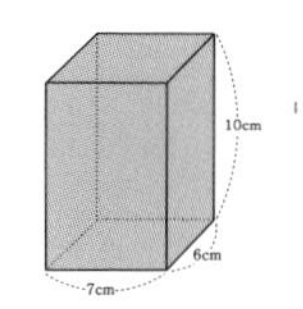

✦ 직육면체의 겉넓이와 부피 구하기

겉넓이 구하기

직육면체의 겉넓이 = (앞면 + 뒷면) + (옆면 × 2) + (윗면 + 아랫면)

- **각 면의 넓이 구하기:**
  - 앞면 또는 뒷면의 넓이 : 7 × 10 = 70 (㎠)
  - 옆면 한 개의 넓이 : 6 × 10 = 60 (㎠)
  - 윗면 또는 아랫면의 넓이 : 7 × 6 = 42 (㎠)
- **겉넓이 계산:**
  - 겉넓이 = (70 × 2) + (60 × 2) + (42 × 2) = 140 + 120 + 84 = 344 (㎠)

따라서, 주어진 직육면체의 겉넓이는 344㎠입니다.

부피 구하기

직육면체의 부피 = 가로 × 세로 × 높이

- **부피 계산:**
  - 부피 = 7 × 6 × 10 = 420 (㎤)

따라서, 주어진 직육면체의 부피는 420㎤입니다.

정리

- **겉넓이:** 직육면체를 구성하는 모든 면의 넓이의 합
- **부피:** 직육면체가 차지하는 공간의 크기

핵심:

- 직육면체의 겉넓이를 구할 때는 모든 면의 넓이를 더해야 합니다.
- 직육면체의 부피를 구할 때는 가로, 세로, 높이를 모두 곱해야 합니다.

단위에 대한 설명:

- **㎠ (제곱센티미터):** 넓이의 단위입니다. 예를 들어, 한 변의 길이가 1cm인 정사각형의 넓이가 1㎠입니다.

- **㎤ (세제곱센티미터):** 부피의 단위입니다. 예를 들어, 한 변의 길이가 1cm인 정육면체의 부피가 1㎤입니다.

다시 한번 정리하면,

- **겉넓이:** 344㎠
- **부피:** 420㎤

입니다.

이번에는 원기둥의 겉넓이와 부피를 구하는 공식을 알아보겠습니다.

원기둥의 겉넓이와 부피를 구하는 공식을 알려 주세요.

원기둥의 겉넓이와 부피 구하는 공식

원기둥의 겉넓이와 부피를 구하는 공식은 다음과 같습니다.

겉넓이

원기둥의 겉넓이는 밑면 두 개와 옆면의 넓이의 합으로 구합니다.

- **밑면의 넓이:** 원의 넓이이므로, 반지름을 r이라고 하면 πr^2입니다.
- **옆면의 넓이:** 옆면을 펼치면 직사각형이 되는데, 가로는 원의 둘레($2\pi r$)이고 세로는 원기둥의 높이(h)입니다. 따라서 옆면의 넓이는 $2\pi rh$입니다.

따라서, 원기둥의 겉넓이 = (밑면의 넓이 × 2) + 옆면의 넓이 = $2\pi r^2 + 2\pi rh$

부피

원기둥의 부피는 밑넓이에 높이를 곱하여 구합니다.

원기둥의 부피 = 밑넓이 × 높이 = $\pi r^2 h$

공식 정리

- **겉넓이:** $2\pi r^2 + 2\pi rh$
- **부피:** $\pi r^2 h$

여기서:

- **r:** 원기둥 밑면의 반지름
- **h:** 원기둥의 높이
- **π:** 원주율 (약 3.14)

예시 문제

반지름이 3cm이고 높이가 5cm인 원기둥의 겉넓이와 부피를 구해봅시다.

- **겉넓이:** $2\times\pi\times3^2+2\times\pi\times3\times5=48\pi(cm^2)$
- **부피:** $\pi\times3^2\times5=45\pi(cm^3)$

더 궁금한 점이 있으시면 언제든지 질문해주세요.

- 예를 들어, "원뿔의 부피를 구하는 공식은 무엇인가요?" 또는 "구의 겉넓이를 구하는 방법을 알려주세요." 와 같이 질문할 수 있습니다.

다른 입체도형에 대한 공식도 궁금하시면 말씀해주세요.

그림으로 보면 더 이해하기 쉬울 거예요!

[이미지: 원기둥의 겉넓이와 부피]

위 그림을 참고하여 원기둥의 각 부분이 어떤 넓이를 가지는지 확인해 보세요.

원기둥의 겉넓이와 부피를 구하는 공식을 외우기보다는, 그림을 통해 직관적으로 이해하는 것이 더 효과적입니다.

원기둥의 그림은 다음과 같습니다.

이번에는 챗GPT에게 원기둥의 겉넓이와 부피를 구하는 문제를 생성하도록 부탁하겠습니다.

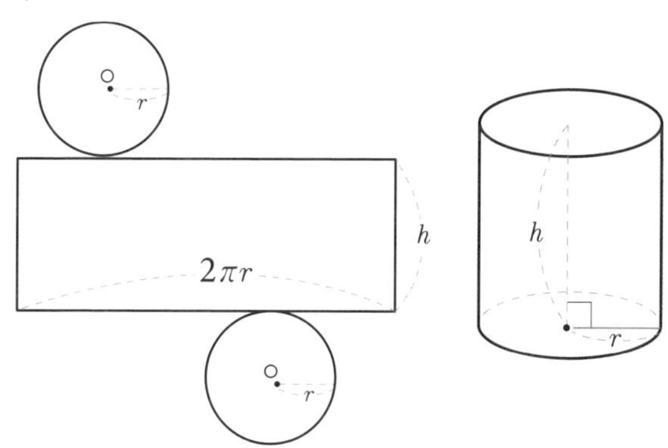

원기둥의 겉넓이와 부피 구하는 문제 만들어 주세요.

물론입니다! 원기둥의 겉넓이와 부피를 구하는 새로운 문제를 만들어 드릴게요.

문제 1: 밑면의 반지름이 4cm, 높이가 5cm인 원기둥의 겉넓이와 부피를 구하세요.

문제 2: 밑면의 반지름이 3cm, 높이가 6cm인 원기둥의 겉넓이와 부피를 구하세요.

문제 3: 밑면의 반지름이 5cm, 높이가 7cm인 원기둥의 겉넓이와 부피를 구하세요.

문제 4: 밑면의 반지름이 6cm, 높이가 8cm인 원기둥의 겉넓이와 부피를 구하세요.

문제 5: 밑면의 반지름이 7cm, 높이가 9cm인 원기둥의 겉넓이와 부피를 구하세요.

이 문제들을 통해 원기둥의 겉넓이와 부피를 구하는 방법을 연습해 보세요. 필요하면 풀이를 요청해 주세요! 😊

이 문제에 대한 풀이를 챗GPT에게 부탁했습니다.

풀어 주세요.

물론이죠! 각 문제를 풀어드릴게요.

문제 1: 밑면의 반지름이 4cm, 높이가 5cm인 원기둥의 겉넓이와 부피를 구하세요.

풀이:

1. 원기둥의 겉넓이:

$$\text{겉넓이} = 2\pi \times 4^2 + 2\pi \times 4 \times 5 = 32\pi + 40\pi = 72\pi(\text{cm}^2)$$

2. 원기둥의 부피:

$$\text{부피} = \pi \times 4^2 \times 5 = 80\pi(\text{cm}^3)$$

문제 2: 밑면의 반지름이 3cm, 높이가 6cm인 원기둥의 겉넓이와 부피를 구하세요.

풀이:

1. 원기둥의 겉넓이:

$$\text{겉넓이} = 2\pi \times 3^2 + 2\pi \times 3 \times 6 = 18\pi + 36\pi = 54\pi(\text{cm}^2)$$

2. 원기둥의 부피:

$$\text{부피} = \pi \times 3^2 \times 6 = 54\pi(\text{cm}^3)$$

문제 3: 밑면의 반지름이 5cm, 높이가 7cm인 원기둥의 겉넓이와 부피를 구하세요.

풀이:

1. 원기둥의 겉넓이:

$$\text{겉넓이} = 2\pi \times 5^2 + 2\pi \times 5 \times 7 = 50\pi + 70\pi = 120\pi(\text{cm}^2)$$

2. 원기둥의 부피:

$$\text{부피} = \pi \times 5^2 \times 7 = 175\pi(\text{cm}^3)$$

문제 4: 밑면의 반지름이 6cm, 높이가 8cm인 원기둥의 겉넓이와 부피를 구하세요.

풀이:

1. 원기둥의 겉넓이:

$$\text{겉넓이} = 2\pi \times 6^2 + 2\pi \times 6 \times 8 = 72\pi + 96\pi = 168\pi(\text{cm}^2)$$

2. 원기둥의 부피:

$$\text{부피} = \pi \times 6^2 \times 8 = 288\pi(\text{cm}^3)$$

문제 5: 밑면의 반지름이 7cm, 높이가 9cm인 원기둥의 겉넓이와 부피를 구하세요.

풀이:

1. 원기둥의 겉넓이:

$$\text{겉넓이} = 2\pi \times 7^2 + 2\pi \times 7 \times 9 = 98\pi + 126\pi = 224\pi(\text{cm}^2)$$

2. 원기둥의 부피:

$$부피 = \pi \times 7^2 \times 9 = 441\pi(\mathrm{cm}^3)$$

각 문제에 대한 풀이를 제공해 드렸습니다. 다른 질문이나 도움이 필요하시면 언제든지 말씀해 주세요! 😊

이번에는 각뿔의 겉넓이와 부피를 구하는 공식을 알아볼까요?

각뿔의 겉넓이와 부피를 구하는 공식을 알려 주세요.

물론입니다! 각뿔의 겉넓이와 부피를 구하는 공식을 간단히 정리해 드릴게요.

각뿔의 겉넓이

각뿔의 겉넓이는 밑넓이와 옆넓이를 더한 값입니다.

$$겉넓이 = 밑넓이 + 옆넓이$$

각뿔의 부피

각뿔의 부피는 밑넓이 S에 높이 h를 곱한 후 3으로 나눈 값입니다.

$$부피 = \frac{1}{3}Sh$$

여기서 S는 밑면의 넓이, h는 각뿔의 높이입니다.

이 공식들을 사용하여 각뿔의 겉넓이와 부피를 구할 수 있습니다. 더 궁금한 사항이 있으면 언제든지 말씀해 주세요! 😊

다음과 같은 문제를 캡처해서 챗GPT에게 질문했습니다.

정사각뿔의 옆면의 높이는 6cm입니다. 겉넓이를 구하세요

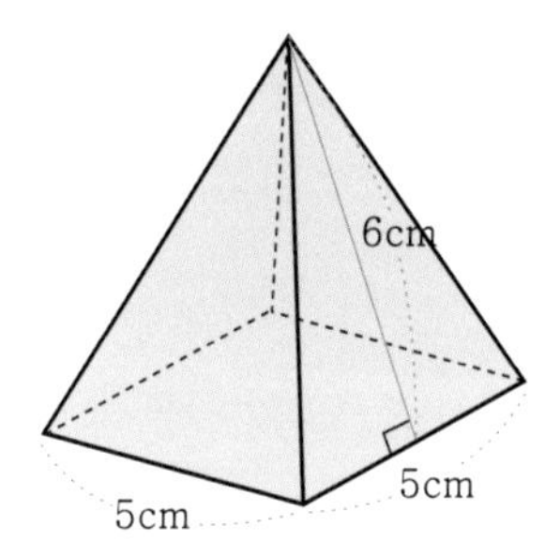

챗GPT는 다음과 같이 답변했습니다.

정사각뿔의 옆면의 높이는 6cm입니다. 겉넓이를 구하세요

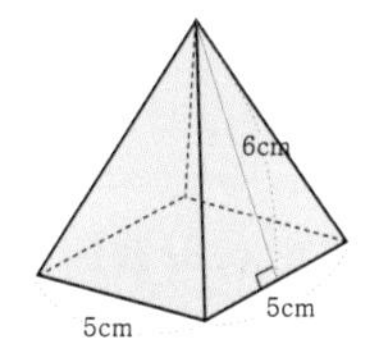

겉넓이를 구하세요.

정사각뿔의 겉넓이를 구해볼게요.

1. **밑넓이**를 구합니다. 정사각형 밑변의 한 변의 길이가 5cm이므로, 밑넓이는:

$$\text{밑넓이} = 5 \times 5 = 25(\text{cm}^2)$$

2. **옆넓이**를 구합니다. 정사각뿔의 옆면의 높이가 6cm입니다. 옆면은 삼각형 4개로 구성되어 있습니다. 각 삼각형의 넓이는:

$$\text{삼각형넓이} = \frac{1}{2} \times \text{밑변} \times \text{높이} = \frac{1}{2} \times 5 \times 6 = 15(\text{cm}^2)$$

정사각뿔의 옆면 4개의 넓이는:

$$\text{옆넓이} = 4 \times 15 = 60(\text{cm}^2)$$

3. **겉넓이**를 구합니다.

$$\text{겉넓이} = \text{밑넓이} + \text{옆넓이} = 25 + 60 = 85(\text{cm}^2)$$

이렇게 하면 정사각뿔의 겉넓이는 85(cm^2)입니다.

다른 수학 문제나 궁금한 점이 있으면 언제든지 말씀해 주세요! 😊

각뿔의 겉넓이는 전개도를 펼쳐보면 구하는 데 별 어려움이 없습니다.

각뿔의 부피는 각기둥의 부피의 $\frac{1}{3}$인 것을 이미 공식으로 알렸습니다. 그러면 각뿔의 부피에 관한 문제를 챗GPT에게 질문하겠습니다.

각뿔의 부피 구하는 문제를 만들어 주세요.

여기 각뿔의 부피를 구하는 문제를 세 가지 만들어 드릴게요:

문제 1: 삼각뿔의 부피

길이가 4cm, 높이가 6cm인 밑면과 8cm인 높이를 가진 삼각뿔의 부피를 구하세요.

문제 2: 사각뿔의 부피

가로 길이가 5cm, 세로 길이가 7cm인 사각형 밑면과 9cm인 높이를 가진 사각뿔의 부피를 구하세요.

문제 3: 정사각뿔의 부피

한 변의 길이가 6cm인 정사각형 밑면과 12cm인 높이를 가진 정사각뿔의 부피를 구하세요.

이 문제들을 풀어보시고 도움이 필요하시면 언제든지 말씀해 주세요! 😊

풀어 달라고 요청하겠습니다.

풀어 주세요.

물론이죠! 각 문제를 풀어볼게요.

문제 1: 삼각뿔의 부피

길이가 4cm, 높이가 6cm인 밑면과 8cm인 높이를 가진 삼각뿔의 부피를 구하세요.

1. **밑면의 넓이**를 구합니다:

$$\text{밑면의넓이} = \frac{1}{2} \times 4 \times 6 = 12(\text{cm}^2)$$

2. **부피**를 구합니다:

$$\text{부피} = \frac{1}{3} \times \text{밑면의넓이} \times \text{높이} = \frac{1}{3} \times 12 \times 8 = 32(\text{cm}^3)$$

따라서, 이 삼각뿔의 부피는 $32(\text{cm}^3)$입니다.

문제 2: 사각뿔의 부피

가로 길이가 5cm, 세로 길이가 7cm인 사각형 밑면과 9cm인 높이를 가진 사각뿔의 부피를 구하세요.

1. **밑면의 넓이**를 구합니다:

$$\text{밑면의넓이} = 5 \times 7 = 35(\text{cm}^2)$$

2. **부피**를 구합니다:

$$\text{부피} = \frac{1}{3} \times \text{밑면의넓이} \times \text{높이} = \frac{1}{3} \times 35 \times 9 = 105(\text{cm}^3)$$

따라서, 이 사각뿔의 부피는 $105(\text{cm}^3)$입니다.

문제 3: 정사각뿔의 부피

한 변의 길이가 6cm인 정사각형 밑면과 12cm인 높이를 가진 정사각뿔의 부피를 구하세요.

1. **밑면의 넓이**를 구합니다:

$$\text{밑면의넓이} = 6 \times 6 = 36(\text{cm}^2)$$

2. **부피**를 구합니다:

$$\text{부피} = \frac{1}{3} \times \text{밑면의넓이} \times \text{높이} = \frac{1}{3} \times 36 \times 12 = 144(\text{cm}^3)$$

따라서, 이 정사각뿔의 부피는 $144(\text{cm}^3)$입니다.

다른 질문이 있으시면 언제든지 말씀해 주세요! 😊

이번에는 원뿔의 겉넓이와 부피를 구하는 공식에 대해 질문하겠습니다.

원뿔의 겉넓이와 부피를 구하는 공식을 알려 주세요.

물론이죠! 원뿔의 겉넓이와 부피를 구하는 공식은 다음과 같습니다:

원뿔의 겉넓이

원뿔의 겉넓이 S는 밑면의 넓이와 옆면의 넓이의 합입니다.

$$S = \pi r^2 + \pi r l$$

여기서,

- r은 원뿔의 밑면 반지름
- l은 원뿔의 모선 길이입니다.

원뿔의 부피

원뿔의 부피 V는 다음과 같이 구합니다.

$$V = \frac{1}{3}\pi r^2 h$$

여기서,

- r은 원뿔의 밑면 반지름
- h은 원뿔의 높이입니다.

이 공식을 사용하여 원뿔의 겉넓이와 부피를 구할 수 있습니다. 추가로 궁금한 점이 있으면 언제든지 말씀해 주세요! 😊

원뿔의 겉넓이 공식을 알기 위한 그림은 오른쪽과 같습니다. 원뿔의 전개도를 보면 됩니다.

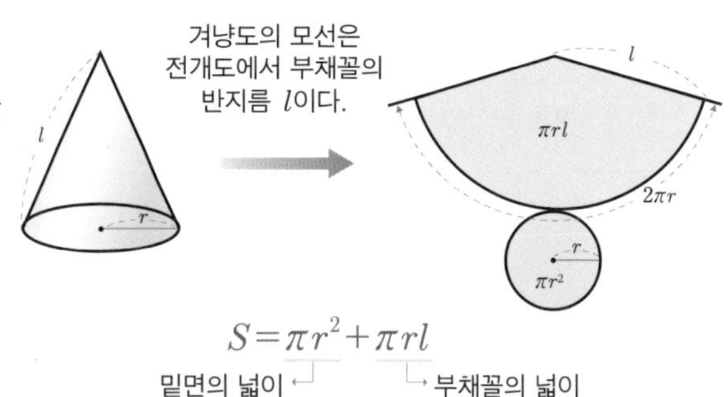

모선의 길이 l과 밑면의 반지름 r을 알면 겉넓이를 구할 수 있습니다. 그러나 공식은 다른 입체도형의 겉넓이 공식과는 많이 다릅니다. 그래서 챗GPT에게 이에 대한 문제를 3개 만들어 달라고 해서 풀어보도록 하겠습니다. 처음에는 원뿔의 겉넓이를 구한다는 것이 커다란 도전처럼 느껴질 수 있습니다.

원뿔의 겉넓이 구하는 문제를 만들어 주세요.

물론이죠! 원뿔의 겉넓이를 구하는 문제를 세 가지 만들어 드릴게요:

문제 1

밑면의 반지름이 3cm이고 모선의 길이가 5cm인 원뿔의 겉넓이를 구하세요.

문제 2

밑면의 반지름이 5cm이고 모선의 길이가 7cm인 원뿔의 겉넓이를 구하세요.

문제 3

밑면의 반지름이 8cm이고 모선의 길이가 10cm인 원뿔의 겉넓이를 구하세요.

문제를 풀어보시고 도움이 필요하시면 언제든지 말씀해 주세요! 😊

풀이를 요청하겠습니다.

풀어 주세요.

물론이죠! 각 문제를 풀어보겠습니다.

문제 1

밑면의 반지름이 3cm이고 모선의 길이가 5cm인 원뿔의 겉넓이를 구하세요.

1. **밑면의 넓이**를 구합니다:

$$\pi r^2 = \pi \times 3^2 = 9\pi(\mathrm{cm}^2)$$

2. **옆면의 넓이**를 구합니다:

$$\pi rl = \pi \times 3 \times 5 = 15\pi(\mathrm{cm}^2)$$

3. **겉넓이**를 구합니다:

$$S = \pi r^2 + \pi rl = 9\pi + 15\pi = 24\pi(\mathrm{cm}^2)$$

따라서, 이 원뿔의 겉넓이는 $24\pi(\mathrm{cm}^2)$입니다.

문제 2

밑면의 반지름이 5cm이고 모선의 길이가 7cm인 원뿔의 겉넓이를 구하세요.

1. **밑면의 넓이**를 구합니다:

$$\pi r^2 = \pi \times 5^2 = 25\pi(\mathrm{cm}^2)$$

2. **옆면의 넓이**를 구합니다:

$$\pi rl = \pi \times 5 \times 7 = 35\pi(\mathrm{cm}^2)$$

3. **겉넓이**를 구합니다:

$$S = \pi r^2 + \pi rl = 25\pi + 35\pi = 60\pi(\mathrm{cm}^2)$$

따라서, 이 원뿔의 겉넓이는 $60\pi(\mathrm{cm}^2)$입니다.

문제 3

밑면의 반지름이 8cm이고 모선의 길이가 10cm인 원뿔의 겉넓이를 구하세요.

1. **밑면의 넓이**를 구합니다:

$$\pi r^2 = \pi \times 8^2 = 64\pi(\mathrm{cm}^2)$$

2. **옆면의 넓이**를 구합니다:

$$\pi rl = \pi \times 8 \times 10 = 80\pi(\mathrm{cm}^2)$$

3. **겉넓이**를 구합니다:

$$S = \pi r^2 + \pi rl = 64\pi + 80\pi = 144\pi(\mathrm{cm}^2)$$

따라서, 이 원뿔의 겉넓이는 $144\pi(\text{cm}^2)$입니다.

더 궁금한 점이 있으면 언제든지 말씀해 주세요! 😊

챗GPT의 답변을 보면 원뿔의 겉넓이 계산은 무엇보다 전개도를 생각한 후 공식에 따라 계산하는 것이 가장 효율적인 방법으로 보입니다.

이번에는 원뿔의 부피를 구하는 문제입니다.

원뿔의 부피를 구하기 위해서는 반지름 r과 원뿔의 높이 h만 알면 됩니다. 모선의 길이 l은 겉넓이 구할 때는 필요했지만 부피를 구할 때는 필요가 없습니다. 따라서 3개의 문제를 만들어 달라고 요청해 보았습니다.

원뿔의 부피 구하는 문제를 만들어 주세요.

물론이죠! 원뿔의 부피를 구하는 문제를 세 가지 만들어 드릴게요.

문제 1

밑면의 반지름이 3cm이고 높이가 7cm인 원뿔의 부피를 구하세요.

문제 2

밑면의 반지름이 6cm이고 높이가 12cm인 원뿔의 부피를 구하세요.

문제 3

밑면의 반지름이 9cm이고 높이가 15cm인 원뿔의 부피를 구하세요.

문제를 풀어보시고 도움이 필요하시면 언제든지 말씀해 주세요! 😊

풀어 달라고 요청했습니다.

풀어 주세요.

물론이죠! 각 문제를 풀어보겠습니다.

문제 1

밑면의 반지름이 3cm이고 높이가 7cm인 원뿔의 부피를 구하세요.

1. **부피**를 구합니다:

$$V = \frac{1}{3}\pi r^2 h = \frac{1}{3}\pi \times 3^2 \times 7 = 21\pi(\mathrm{cm}^3)$$

따라서, 이 원뿔의 부피는 $21\pi(\mathrm{cm}^3)$입니다.

문제 2

밑면의 반지름이 6cm이고 높이가 12cm인 원뿔의 부피를 구하세요.

1. **부피**를 구합니다:

$$V = \frac{1}{3}\pi r^2 h = \frac{1}{3}\pi \times 6^2 \times 12 = 144\pi(\mathrm{cm}^3)$$

따라서, 이 원뿔의 부피는 $144\pi(\mathrm{cm}^3)$입니다.

문제 3

밑면의 반지름이 9cm이고 높이가 15cm인 원뿔의 부피를 구하세요.

1. **부피**를 구합니다:

$$V = \frac{1}{3}\pi r^2 h = \frac{1}{3}\pi \times 9^2 \times 15 = 405\pi(\mathrm{cm}^3)$$

따라서, 이 원뿔의 부피는 $405\pi(\mathrm{cm}^3)$입니다.

추가로 궁금한 점이 있으면 언제든지 말씀해 주세요! 😊

원뿔의 부피는 원기둥의 $\frac{1}{3}$이라는 것을 알 수 있습니다. 그래서 계산하기 어렵지 않습니다.

이제 구의 겉넓이와 부피에 대해 알아보겠습니다.

구의 겉넓이와 부피 구하는 공식을 알려 주세요.

물론이죠! 구의 겉넓이와 부피를 구하는 공식을 알려드릴게요.

구의 겉넓이 공식

구의 겉넓이 S는 다음과 같이 구합니다:

$$S = 4\pi r^2$$

여기서,

- r은 구의 반지름입니다.

구의 부피 공식

구의 부피 V는 다음과 같이 구합니다:

$$V = \frac{4}{3}\pi r^3$$

여기서,

- r은 구의 반지름입니다.

예시 문제

반지름이 2cm인 구의 겉넓이와 부피를 구하세요.

풀이

- **겉넓이**:

$$S = 4\pi r^2 = 4\pi \times 2^2 = 16\pi(\mathrm{cm}^2)$$

- **부피**:

$$V = \frac{4}{3}\pi r^3 = \frac{4}{3}\pi \times 2^3 = \frac{32}{3}\pi(\mathrm{cm}^3)$$

이 예시를 통해 구의 겉넓이와 부피를 구하는 방법을 이해하셨길 바랍니다. 추가로 궁금한 점이 있으면 언제든지 말씀해 주세요! 😊

여러분이 어떤 GPT를 사용하는지에 따라 답변이 다를 수 있는데, 공식은 어느 GPT나 같습니다. 다만 위의 예처럼 겉넓이와 부피에 대해 간단한 예제 1개를 제시하고 풀이도 알려 주는 경우도 있습니다.

구는 반지름의 길이 r만 알아도 겉넓이와 부피를 모두 알 수 있는 입체도형입니다.

여러분은 차원이라는 단어를 수학에서 많이 들어보았을 것입니다. 이번 기회에 차원의 정확한 뜻을 알아볼까요? 챗GPT에게 질문해 보겠습니다.

도형에서 차원은 무엇인가요?

차원이란 간단히 말해, **공간에서 어떤 대상의 위치를 정확하게 나타내기 위해 필요한 숫자의 개수**라고 할 수 있습니다.

좀 더 쉽게 설명해 드리자면,

- **0차원:** 점은 위치를 나타내기 위해 어떤 수도 필요하지 않으므로 0차원입니다.
- **1차원:** 직선 위의 한 점은 기준점부터의 거리라는 하나의 수로 위치를 나타낼 수 있으므로 1차원입니다.
- **2차원:** 평면 위의 한 점은 가로축과 세로축의 좌표라는 두 개의 수로 위치를 나타낼 수 있으므로 2차원입니다.
- **3차원:** 우리가 살고 있는 공간은 가로, 세로, 높이라는 세 개의 수로 위치를 나타낼 수 있으므로 3차원입니다.

다시 말해, 차원은 공간의 넓어지는 정도를 나타내는 개념입니다.

차원별 특징

- **0차원 (점):** 크기가 없고 위치만을 나타냅니다.
- **1차원 (선):** 길이만을 가지며, 폭과 높이는 없습니다.
- **2차원 (면):** 길이와 폭을 가지며, 높이는 없습니다.
- **3차원 (입체):** 길이, 폭, 높이를 모두 가지고 있습니다.

왜 차원이 중요할까요?

- **수학:** 도형의 성질을 연구하고, 공간을 이해하는 데 필수적인 개념입니다.
- **과학:** 물리학, 화학 등 다양한 과학 분야에서 차원은 현상을 설명하고 예측하는 데 사용됩니다.
- **컴퓨터 그래픽스:** 3차원 공간을 표현하고 조작하는 데 사용됩니다.
- **데이터 과학:** 다차원 데이터를 분석하고 시각화하는 데 활용됩니다.

더 알아보기

- **4차원 이상의 차원:** 우리가 직관적으로 이해하기는 어렵지만, 수학적으로는 4차원 이상의 차원도 존재할 수 있습니다.
- **프랙탈:** 자기 유사성을 가지는 복잡한 기하학적 구조로, 차원이 정수가 아닌 경우도 있습니다.

궁금한 점이 있다면 언제든지 질문해주세요.

- **예시 질문:**
  - "4차원 공간은 어떤 모습일까요?"
  - "프랙탈 차원은 무엇을 의미하나요?"
  - "우리가 살고 있는 우주는 몇 차원일까요?"

더 자세한 설명이나 다른 예시를 원하시면 말씀해주세요.

이제 차원이 어떻게 나누어지고 어떤 의미가 있는지 이해가 되었나요?

똑똑!! 기억하세요.

다면체와 회전체를 배우는 입체도형은 그림을 그려보면서 겉넓이와 부피, 전개도도 알아보는 단원입니다. 모르는 용어나 공식, 많은 문제를 챗GPT와 대화하면서 확인하는 습관을 가지세요.

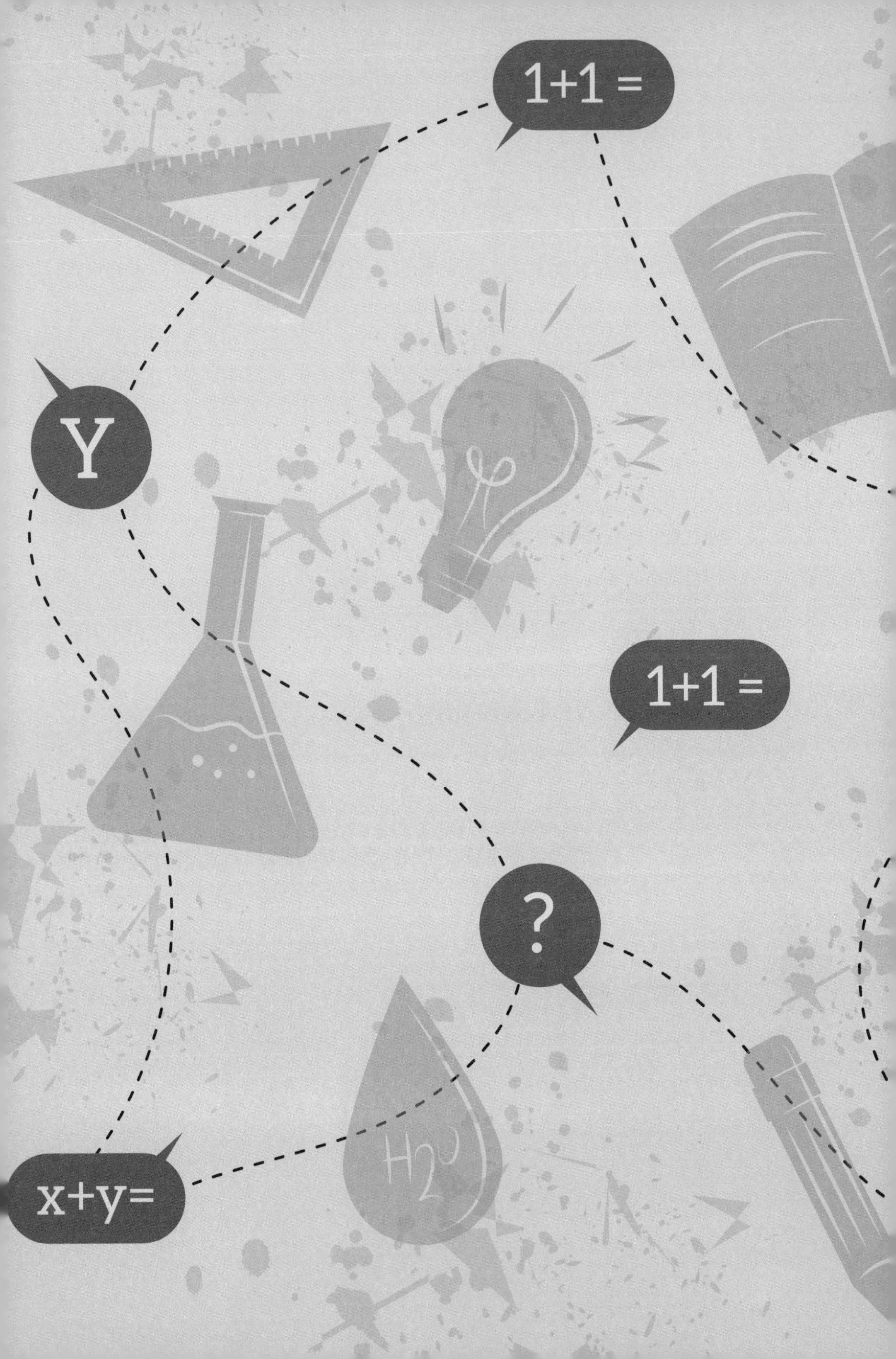

1+1 =
Y
1+1 =
?
x+y=

제 8장

통계

이제 중학교 1학년 과정의 마지막 단원인 통계에 대해서 알아보겠습니다.

통계는 여러분이 초등학교 6학년 수학 과정을 배웠다면 더 빨리 익힐 수 있는 단원입니다.

우선 통계란 무엇(What)인지 알아볼까요?

통계는 무엇인가요?

통계는 **데이터를 수집하고, 정리하고, 분석하여 의미 있는 정보를 얻는 과정**이라고 할 수 있습니다.

더 쉽게 말해, 우리 주변에서 일어나는 다양한 현상들을 숫자로 나타내고, 이 숫자들을 분석하여 그 현상에 대한 의미를 찾아내는 것이죠.

왜 통계가 필요할까요?

- **현상 파악:** 복잡한 현상을 간단하고 명확하게 이해할 수 있도록 도와줍니다.
- **미래 예측:** 과거와 현재의 데이터를 분석하여 미래를 예측할 수 있습니다.
- **의사 결정:** 데이터 기반으로 더 나은 의사 결정을 할 수 있도록 돕습니다.

통계의 종류

- **기술 통계:** 수집된 데이터를 요약하고 설명하는 통계입니다. (예: 평균, 표준편차, 그래프 등)
- **추측 통계:** 표본 데이터를 통해 모집단 전체의 특성을 추론하는 통계입니다. (예: 가설 검정, 신뢰 구간 등)

통계가 사용되는 분야

- **사회과학:** 여론조사, 시장조사 등

- **자연과학:** 실험 데이터 분석, 자연 현상 연구 등
- **경제학:** 경제 지표 분석, 투자 의사 결정 등
- **의학:** 임상 시험 데이터 분석 등

통계를 배우는 이유

- **데이터 해석 능력 향상:** 뉴스나 보고서에 나오는 통계 자료를 제대로 이해하고 판단할 수 있습니다.
- **문제 해결 능력 향상:** 데이터를 분석하여 문제의 원인을 찾고 해결책을 제시할 수 있습니다.
- **논리적 사고 능력 향상:** 데이터를 기반으로 합리적인 추론을 할 수 있도록 돕습니다.

예시

- **코로나19 확진자 수:** 매일 발표되는 확진자 수는 통계를 통해 얻은 결과입니다. 이를 통해 바이러스의 확산 속도를 파악하고, 방역 정책을 수립하는 데 활용됩니다.
- **선거 여론 조사:** 선거 전에 실시하는 여론 조사는 표본을 통해 전체 유권자의 투표 의향을 예측하는 통계적인 방법입니다.

더 궁금한 점이 있다면 언제든지 질문해주세요.

- **예시 질문:**
  - "통계학과 통계학자가 하는 일은 무엇인가요?"
  - "통계 프로그램에는 어떤 것들이 있나요?"
  - "통계를 배우기 위해 어떤 것을 준비해야 할까요?"

다음에 어떤 내용을 더 알고 싶으신가요?

통계는 무엇인지 이제 조금은 알게 되었을 것입니다. 챗GPT의 설명대로 통계는 데이터를 분석하는 수학 분야입니다.

그렇다면 우리는 통계를 초등학교 때 배운 적이 있을까요? 챗GPT에게 질문하겠습니다.

초등학교 때 통계는 언제 배우나요?

초등학교에서는 학년별로 다양한 통계 개념을 배우게 됩니다.

- **2학년:** 아직 정식적인 '통계'라는 단원은 없지만, 사물을 분류하고 비교하는 활동을 통해 통계의 기초를 다지는 시기입니다. 예를 들어, 사탕의 색깔별로 분류하여 표로 나타내거나, 친구들의 좋아하는 과일을 조사하여 그림으로 표현하는 활동을 하면서 자료를 정리하고 비교하는 방법을 익힙니다.
- **3학년:** 자료를 정리하고 표현하는 방법을 더욱 심화하여 학습합니다. 간단한 표나 그림을 활용하여 자료를 정리하고, 그 자료를 바탕으로 간단한 결론을 도출하는 연습을 합니다.
- **4학년:** 막대그래프와 꺾은선그래프를 배우며, 자료를 시각적으로 표현하고 해석하는 능력을 키웁니다. 막대그래프로는 좋아하는 과일의 수를 나타내고, 꺾은선그래프로는 시간에 따른 온도 변화를 나타내는 등 다양한 자료를 그래프로 표현하고 분석하는 활동을 합니다.
- **5학년:** 평균과 가능성의 개념을 배우게 됩니다. 여러 가지 자료를 수집하여 평균을 구하고, 어떤 사건이 일어날 가능성을 수로 나타내는 방법을 학습합니다.
- **6학년:** 비와 비율, 그리고 다양한 그래프를 활용하여 자료를 분석하는 방법을 배우게 됩니다. 예를 들어, 설문 조사 결과를 바탕으로 그래프를 만들고, 그래프를 통해 어떤 사실을 알 수 있는지 해석하는 활동을 합니다. 또한, 비율을 이용하여 자료를 비교하고 분석하는 방법도 학습합니다.

초등학교에서 통계를 배우는 이유

- **자료 해석 능력 키우기:** 일상생활에서 접하는 다양한 자료를 분석하고 해석하는 능력을 키워줍니다.
- **데이터 기반 의사결정 능력 함양:** 데이터를 바탕으로 합리적인 판단을 내리는 능력을 기릅니다.
- **미래 사회에 필요한 역량 강화:** 데이터를 활용하는 능력은 미래 사회에서 매우 중요하게 요구되는 역량입니다.

요약

초등학교에서는 학년이 올라갈수록 더욱 복잡하고 다양한 자료를 분석하고 해석하는 능력을 키우도록 교육합니다. 이를 통해 학생들은 단순히 숫자를 다루는 것을 넘어, 자료를 통해 의미를 찾고 문제를 해결하는 능력을 기르게 됩니다.

궁금한 점이 있다면 언제든지 질문해주세요.

예를 들어, 다음과 같은 질문을 할 수 있습니다.

- "초등학교 4학년 때 배우는 통계 내용이 궁금해요."
- "통계를 잘하려면 어떻게 해야 할까요?"
- "통계를 배우는 것이 왜 중요한가요?"

친절하게 답변해 드리겠습니다.

초등학교 때는 통계란 단어를 사용하지 않았을 뿐 초등학교 2학년 때부터 기초 부분을 배웠음을 알 수 있습니다.

챗GPT와 함께 이제 좀 더 자세하게 통계를 알아보도록 하겠습니다.

도수분포표가 무엇인지 챗GPT에게 질문해 보았습니다.

도수분포표는 무엇인가요?

도수분포표는 **데이터를 일정한 구간으로 나누어 각 구간에 속하는 자료의 개수를 나타낸 표**입니다. 마치 사탕을 색깔별로 상자에 담아 놓은 것처럼, 다양한 데이터를 몇 가지 종류로 분류하여 정리한 것이라고 생각하면 쉽습니다.

왜 도수분포표를 만들까요?

- **데이터를 한눈에 파악:** 많은 양의 데이터를 개별적으로 보면 복잡하고 이해하기 어렵습니다. 도수분포표를 만들면 데이터의 전체적인 분포를 한눈에 파악할 수 있어 더욱 효과적으로 분석할 수 있습니다.
- **데이터의 특징 파악:** 어떤 값이 많이 나타나는지, 데이터가 어떤 범위에 주로 분포되어 있는지 등 데이터의 특징을 쉽게 파악할 수 있습니다.
- **다른 통계 분석의 기초:** 평균, 중앙값, 최빈값 등 다양한 통계값을 계산하고, 히스토그램, 도수분포다각형 등의 그래프를 그리는 기초 자료로 활용됩니다.

도수분포표의 구성 요소

- **계급:** 데이터를 나눈 구간입니다. 예를 들어, 학생들의 키를 5cm 단위로 나누면 각 구간이 하나의 계급이 됩니다.
- **계급값:** 각 계급을 대표하는 값입니다. 보통 계급의 중앙값을 사용합니다.
- **도수:** 각 계급에 속하는 자료의 개수입니다.

도수분포표 예시:

키 (cm)	계급값 (cm)	도수 (명)
150 ~ 155	152.5	5
155 ~ 160	157.5	12
160 ~ 165	162.5	18
165 ~ 170	167.5	8
170 ~ 175	172.5	3

위 표는 어느 중학교 1학년 학생들의 키를 조사하여 만든 도수분포표입니다. 이 표를 보면 키가 160~165cm인 학생이 가장 많다는 것을 알 수 있습니다.

도수분포표를 활용한 분석

- **데이터의 분포:** 어떤 값에 데이터가 많이 몰려 있는지, 데이터가 어떤 형태로 분포되어 있는지 확인할 수 있습니다.
- **평균, 중앙값, 최빈값 계산:** 계급값과 도수를 이용하여 다양한 통계값을 계산할 수 있습니다.
- **히스토그램, 도수분포다각형 작성:** 시각적으로 데이터를 표현하여 더욱 명확하게 이해할 수 있습니다.

도수분포표 활용 예시:

- **학생들의 성적 분석:** 시험 점수를 구간으로 나누어 어떤 점수대의 학생이 많은지 파악할 수 있습니다.
- **제품 판매량 분석:** 제품의 크기, 가격 등을 기준으로 판매량을 분석하여 마케팅 전략을 수립할 수 있습니다.
- **기상 데이터 분석:** 기온, 강수량 등을 구간으로 나누어 기후 변화를 분석할 수 있습니다.

도수분포표는 다양한 분야에서 데이터를 분석하고 이해하는 데 필수적인 도구입니다.

더 궁금한 점이 있으시면 언제든지 질문해주세요.

도수분포표는 정확하게 작성하는 것이 중요합니다. 그리고 하나 더! 도수분포표의 구성요소에서 변량과 도수, 계급을 왜 데이터로 용어를 통일해서 사용했을까요? 이유를 챗GPT에게 질문했습니다.

중학교 1학년 통계에서 변량과 도수,계급을 챗GPT에서는 데이터로 칭하는 이유를 알려 주세요.

챗GPT가 변량, 도수, 계급을 데이터로 칭하는 이유

훌륭한 질문이네요! 중학교 1학년 통계에서 배우는 변량, 도수, 계급과 챗GPT가 사용하는 '데이터'라는 용어 사이의 연결 고리를 궁금해하시는군요.

간단히 말해, 챗GPT는 변량, 도수, 계급 모두를 하나의 큰 범주인 '데이터'로 보고 있기 때문입니다.

왜 그럴까요?

- **데이터의 다양한 표현:**
  - **변량:** 특정한 특성을 나타내는 값 (예: 학생들의 키, 시험 점수)
  - **도수:** 특정한 값이 나타난 횟수 (예: 키가 160cm인 학생의 수)
  - **계급:** 데이터를 몇 개의 구간으로 나눈 것 (예: 키를 5cm 단위로 구분)
  - **챗GPT의 관점:** 챗GPT는 이 모든 것을 단순히 '데이터'라는 하나의 개념으로 처리합니다. 즉, 분석하고 처리해야 할 정보라는 의미에서 통합하여 이해하는 것입니다.
- **넓은 의미의 데이터:**
  - **일상적인 데이터:** 숫자, 문자, 이미지, 소리 등 다양한 형태의 정보
  - **통계학적 데이터:** 변량, 도수, 계급 등 통계 분석에 사용되는 특정한 형태의 정보
  - **챗GPT의 관점:** 챗GPT는 이 모든 것을 포괄하는 의미로 '데이터'를 사용합니다.
- **분석의 편의성:**
  - **통합된 개념:** 모든 종류의 정보를 '데이터'라는 하나의 용어로 통일하면 분석 작업이 더욱 간편해집니다.
  - **다양한 처리 가능:** 챗GPT는 '데이터'라는 개념을 바탕으로 다양한 분석, 예측, 생성 작업을 수행할 수 있습니다.

예시를 통해 더 자세히 알아볼까요?

"학생들의 키를 조사하여 도수분포표를 만들고, 평균 키를 구해주세요." 라는 질문을 챗GPT에게 한다면, 챗GPT는 다음과 같은 과정을 거칩니다.

1. **데이터 인식:** 학생들의 키라는 '수치형 데이터'를 입력값으로 인식합니다.
2. **처리:** 도수분포표를 만들고, 평균을 계산하는 등의 통계 처리를 수행합니다.
3. **결과 출력:** 계산된 결과를 사용자에게 제공합니다.

이 과정에서 챗GPT는 '키'라는 구체적인 변량뿐만 아니라, 도수분포표를 만들기 위한 계급 설정, 평균 계산 등 다양한 통계적 처리를 '데이터'라는 일반적인 개념으로 통합하여 처리합니다.

결론적으로, 챗GPT가 변량, 도수, 계급을 '데이터'로 칭하는 것은 **다양한 종류의 정보를 하나의 범주로 묶어 더욱 효율적으로 처리하기 위한 것**입니다.

더 궁금한 점이 있다면 언제든지 질문해주세요!

- **예시:** 다른 예시를 들어 설명해 주세요.
- **차이점:** 변량, 도수, 계급의 차이점을 더 자세히 설명해 주세요.
- **활용:** 챗GPT가 데이터를 어떻게 활용하는지 더 많은 예시를 알려주세요.

다음 질문을 기다리고 있습니다!

이제 이해가 되었나요? 그러면 다시 질문으로 돌아가 도수분포표 문제를 챗GPT에게 만들어 달라고 요청하겠습니다. 여러분이 더 많은 문제를 풀고 싶으면 더 많이 만들어 달라고 요청해도 됩니다.

도수분포표 작성하는 문제를 만들어 주세요.

알겠습니다. 새로운 도수분포표 작성을 위한 문제를 제공해 드리겠습니다.

문제:

다음 자료를 사용하여 도수분포표를 작성하세요.

학생들의 시험 점수: 53, 72, 95, 80, 45, 67, 60, 74, 88, 55, 91, 64, 70, 85, 50, 77, 93, 62, 56, 78

도수분포표:

시험 점수 **(점)**	도수
40점(이상)~50점(미만)	
50점(이상)~60점(미만)	
60점(이상)~70점(미만)	
70점(이상)~80점(미만)	
80점(이상)~90점(미만)	
90점(이상)~100점(미만)	

이 자료를 바탕으로 도수분포표를 완성해 보세요. 도움이 필요하면 언제든지 말씀해 주세요!

질문에 '풀이와 답을 빼주세요.'라는 문구를 넣지 않으면 풀이와 답이 바로 아래에 나오기도 합니다. 바로 문제 아래에 풀이와 답을 알기 원한다면 굳이 문구를 넣을 필요는 없습니다. 그러면 풀이와 답을 요청해 보겠습니다.

풀어 주세요.

물론이죠! 주어진 자료를 바탕으로 도수분포표를 작성해 보겠습니다.

학생들의 시험 점수: 53, 72, 95, 80, 45, 67, 60, 74, 88, 55, 91, 64, 70, 85, 50, 77, 93, 62, 56, 78

각 계급별로 점수를 분류해 보겠습니다:

- 40점(이상)~50점(미만): 45 (1개)
- 50점(이상)~60점(미만): 50, 53, 55, 56 (4개)
- 60점(이상)~70점(미만): 60, 62, 64, 67 (4개)

- 70점(이상)~80점(미만): 70, 72, 74, 77, 78 (5개)
- 80점(이상)~90점(미만): 80, 85, 88 (3개)
- 90점(이상)~100점(미만): 91, 93, 95 (3개)

도수분포표:

시험 점수 (점)	도수
40점(이상)~50점(미만)	1
50점(이상)~60점(미만)	4
60점(이상)~70점(미만)	4
70점(이상)~80점(미만)	5
80점(이상)~90점(미만)	3
90점(이상)~100점(미만)	3

이렇게 계급별 도수를 계산하여 도수분포표를 완성했습니다. 추가적인 도움이 필요하시면 언제든지 말씀해 주세요!

이번에는 도수분포표가 주어질 때 평균을 구하는 공식 설명과 풀이를 보겠습니다.

도수분포표에서 평균을 구하는 예제를 보여 주세요.

✦ 도수분포표에서 평균 구하기: 상세 예제

도수분포표란 무엇일까요?

많은 자료들을 일일이 나열하지 않고, 특정 구간(계급)에 속하는 자료의 개수(도수)를 나타낸 표를 말합니다. 예를 들어, 한 반 학생들의 키를 측정하여 150cm 이상 160cm 미만, 160cm 이상 170cm 미만과 같이 구간을 나누고, 각 구간에 속하는 학생 수를 세어 표로 나타낸 것이 도수분포표입니다.

도수분포표에서 평균을 구하는 이유는 무엇일까요?

도수분포표는 많은 자료의 전체적인 경향을 파악하기 쉽게 만들어 줍니다. 특히, 평균을 구함으로써 자료의 중심 위치를 알 수 있고, 자료가 어떻게 분포되어 있는지를 더욱 정확하게 파악할 수 있습니다.

도수분포표에서 평균을 구하는 방법

1. **계급값 구하기:** 각 계급의 중간값을 계급값이라고 합니다. 예를 들어, 150cm 이상 160cm 미만의 계급값은 (150+160)/2 = 155cm입니다.
2. **계급값 × 도수 계산:** 각 계급의 계급값에 해당하는 도수를 곱합니다.
3. **모든 계급값 × 도수의 합 계산:** 2번에서 구한 값들을 모두 더합니다.
4. **총 도수로 나누기:** 3번에서 구한 값을 모든 자료의 개수(총 도수)로 나누면 평균이 됩니다.

예제 문제

다음은 어느 중학교 1학년 학생들의 키를 조사하여 만든 도수분포표입니다. 이 학생들의 키의 평균을 구해봅시다.

키 (cm)	도수 (명)	계급값 (cm)	계급값 × 도수
150 ~ 160	5	155	775
160 ~ 170	12	165	1980
170 ~ 180	8	175	1400

Sheets로 내보내기

풀이

1. **모든 계급값 × 도수의 합:** 775 + 1980 + 1400 = 4155
2. **총 도수:** 5 + 12 + 8 = 25명
3. **평균:** 4155 ÷ 25 = 166.2cm

따라서, 이 중학교 1학년 학생들의 키의 평균은 166.2cm입니다.

주의사항

- 도수분포표에서 구한 평균은 정확한 평균값이 아니라, 각 계급의 대표값인 계급값을 이용하여 구한 근삿값입니다.
- 자료의 분포가 비대칭일 경우에는 중앙값이나 최빈값을 사용하여 자료의 특징을 파악하는 것이 더 적절할 수 있습니다.

더 궁금한 점이 있으시면 언제든지 질문해주세요.

- 다른 예제를 풀어보고 싶으신가요?
- 중앙값이나 최빈값에 대해 더 알고 싶으신가요?
- 도수분포표를 활용한 다른 통계 분석 방법이 궁금하신가요?

다양한 질문에 성심껏 답변해 드리겠습니다.

도수분포표 다음으로 히스토그램이 등장합니다. 히스토그램은 막대그래프와 형태는 비슷하지만 차이점이 있습니다. 이미 여러분은 막대그래프가 무엇인지 대부분 알고 있을 것입니다.

히스토그램과의 차이점을 챗GPT에게 질문하겠습니다.

막대그래프와 히스토그램의 차이점을 초등학생이 이해하게끔 설명해 주세요.

막대그래프와 히스토그램, 어떻게 다를까요?

초등학생 친구들, 안녕하세요! 우리 주변에서 그림으로 나타낸 표를 많이 볼 수 있죠? 그중에서도 막대그래프와 히스토그램은 정보를 쉽게 알려주는 아주 유용한 그림이에요. 둘 다 막대 모양으로 되어 있지만, 조금씩 다른 점이 있답니다.

막대그래프는 친구들의 인기투표 같아요!

- **다른 종류**의 것을 비교할 때 사용해요. 예를 들어, 좋아하는 과일, 좋아하는 동물 등을 투표해서 그 결과를 나타낼 때 사용하면 좋죠.
- **각 막대**는 다른 종류를 나타내고, 막대의 길이가 많을수록 더 많은 사람들이 좋아한다는 뜻이에요.
- **막대 사이에는 빈 공간**이 있어서 각 종류가 서로 분리되어 있다는 것을 알 수 있어요.

히스토그램은 키 재기 대회 같아요!

- **같은 종류**의 것을 여러 가지로 나누어 비교할 때 사용해요. 예를 들어, 반 친구들의 키를 150cm 이상 160cm 미만, 160cm 이상 170cm 미만처럼 묶

어서 비교할 때 사용하면 좋죠.

- **각 막대**는 특정한 범위를 나타내고, 막대의 길이가 많을수록 그 범위에 속하는 사람이 많다는 뜻이에요.
- **막대들이 붙어 있어요.** 왜냐하면 키는 연속적인 값이기 때문에 150cm와 160cm 사이에도 키가 있을 수 있으니까요.

정리하면,

- **막대그래프:** 서로 다른 종류를 비교할 때 사용, 막대 사이에 빈 공간이 있음
- **히스토그램:** 같은 종류를 여러 가지로 나누어 비교할 때 사용, 막대들이 붙어 있음

예시를 통해 더 자세히 알아볼까요?

- **막대그래프 예시:** 우리 반 친구들이 좋아하는 과일을 조사해서 막대그래프로 나타내면 사과를 좋아하는 친구가 가장 많은 것을 한눈에 알 수 있어요.
- **히스토그램 예시:** 우리 반 친구들의 키를 측정해서 히스토그램으로 나타내면 160cm 이상 170cm 미만인 친구들이 가장 많은 것을 알 수 있어요.

이제 막대그래프와 히스토그램이 어떻게 다른지 잘 알겠죠? 다음에 그래프를 볼 때 어떤 종류의 그래프인지 한번 찾아보세요!

더 궁금한 점이 있다면 언제든지 물어보세요!

챗GPT는 비유까지 하며 막대그래프와 히스토그램의 차이점을 설명하고 있습니다. 이제 이해가 되었나요?

이제 도수분포다각형에 대해 알아봅시다. 이것은 히스토그램을 기본으로 하여 만들 수 있습니다.

도수분포다각형이 무엇인지 챗GPT에게 질문해 볼까요?

도수분포다각형을 그리는 과정을 설명하세요.

✦ 도수분포다각형 그리는 과정 자세히 알아보기

도수분포다각형은 히스토그램의 각 직사각형 윗변의 중앙에 점을 찍고, 이 점들을 선으로 연결하여 만든 그래프입니다. 데이터의 분포를 부드러운 곡선 형태로 나타내어 전체적인 경향을 파악하기 쉽다는 장점이 있습니다.

도수분포다각형 그리는 단계

1. **도수분포표 작성:**
   - 조사한 데이터를 일정한 간격의 계급으로 나누고, 각 계급에 속하는 자료의 개수(도수)를 세어 도수분포표를 작성합니다.
2. **히스토그램 그리기:**
   - 도수분포표를 바탕으로 히스토그램을 그립니다. 가로축에는 계급의 경계값, 세로축에는 도수를 나타냅니다.
3. **각 직사각형 윗변의 중앙에 점 찍기:**
   - 각 직사각형의 윗변의 중앙에 점을 찍습니다. 이 점은 해당 계급의 대표값으로 볼 수 있습니다.
4. **점들을 선으로 연결하기:**
   - 찍은 점들을 차례대로 선으로 연결합니다. 양쪽 끝에는 도수가 0인 계급을 하나씩 추가하여 선을 연결하는 것이 일반적입니다.
5. **도수분포다각형 완성:**
   - 연결된 선으로 이루어진 다각형이 도수분포다각형입니다.

예시

계급	도수
50~60	5
60~70	8
70~80	12
80~90	7
90~100	3

Sheets로 내보내기

위와 같은 도수분포표를 가지고 도수분포다각형을 그리는 과정은 다음과 같습니다.

1. 도수분포표를 보고 히스토그램을 그립니다.
2. 각 직사각형의 윗변 중앙에 점을 찍습니다.
3. 양쪽 끝에 도수가 0인 계급을 추가하고, 점들을 선으로 연결합니다.

도수분포다각형의 활용

- **데이터 분포 파악:** 데이터가 어떻게 분포되어 있는지 한눈에 파악할 수 있습니다.
- **중심 경향 파악:** 데이터의 중심값을 추정할 수 있습니다.
- **분산 정도 파악:** 데이터가 얼마나 퍼져 있는지 알 수 있습니다.
- **다른 집단 비교:** 두 개 이상의 집단의 분포를 비교할 수 있습니다.

주의할 점

- 계급의 크기가 일정해야 합니다.
- 계급의 경계값을 정확하게 설정해야 합니다.
- 점을 연결할 때 자를 사용하여 정확하게 연결해야 합니다.

더 궁금한 점이 있다면 언제든지 질문해주세요.

추가적으로 궁금한 점이 있다면 다음을 참고해보세요.

- **히스토그램과 도수분포다각형의 차이점:** 히스토그램은 직사각형으로 이루어진 그래프이고, 도수분포다각형은 선으로 연결된 다각형이라는 점이 다릅니다.

- **도수분포다각형의 장단점:** 장점은 데이터의 분포를 부드럽게 나타낼 수 있고, 전체적인 경향을 파악하기 쉽다는 점입니다. 단점은 히스토그램에 비해 세부적인 정보를 잃어버릴 수 있다는 점입니다.
- **다른 종류의 그래프:** 줄기와 잎 그림, 상자 수염 그림 등 다양한 종류의 그래프가 있습니다. 각 그래프의 특징과 활용법을 비교해보는 것이 좋습니다.

이미지 또는 영상 자료를 함께 보시면 더욱 이해가 쉽습니다. 유튜브 등에서 "도수분포다각형 그리기"를 검색해 보세요.

혹시 더 자세한 설명이나 예시가 필요하시면 언제든지 요청해주세요.

도수분포다각형을 그리려면 모눈종이를 준비하세요. 그리고 모눈종이에 정확하게 계급과 도수를 나타내어 히스토그램을 완성한 뒤 계급값을 점으로 표시한 후 점끼리 이으면 도수분포다각형을 그릴 수 있습니다. 챗GPT는 그리는 방법을 알려줄 뿐 아직 실제로 나타내지 못하므로 다음처럼 순서에 따라 도수분포 다각형을 완성할 수 있습니다.

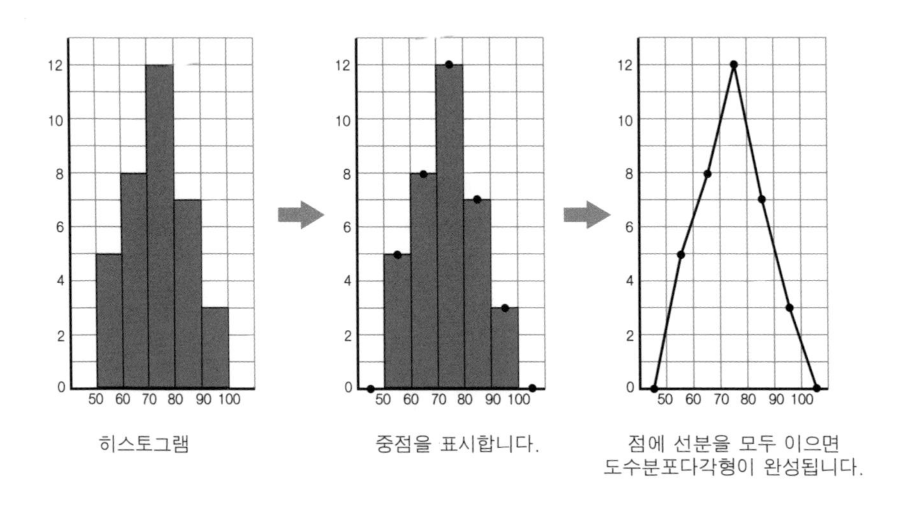

히스토그램 / 중점을 표시합니다. / 점에 선분을 모두 이으면 도수분포다각형이 완성됩니다.

모눈종이에 그리는 것이 가장 정확하지만 여러분이 문제를 풀며 많이 그려 익숙해지면 모눈종이 없이도 그려볼 수 있습니다. 단 정말 정확하게 그리기 위해서는 자를 꼭 준비해서 도수분포다각형을 그려야 합니다.

히스토그램과 도수분포다각형은 위의 그림만으로도 충분히 이해가 가리라 생각합니다.

그런데 혹시 여러분은 도수분포다각형을 그리면서 꺾은선 그래프와 도수분포다각형이 비슷하다는 생각을 해 보았나요? 정말 이 둘은 비슷할까요?

이런 궁금증은 챗GPT에게 질문해 바로 해결해 볼까요?

꺾은선 그래프와 도수분포다각형의 차이점을 초등학생이 이해하게끔 설명해 주세요.

물론입니다! 쉽게 설명해드릴게요.

꺾은선 그래프

- **무엇인가요?**: 꺾은선 그래프는 여러 점을 선으로 연결한 그림이에요.
- **언제 사용하나요?**: 시간에 따라 변화하는 것을 볼 때 사용해요.
- **예시**: 일주일 동안의 기온 변화를 보고 싶을 때, 매일의 기온을 점으로 표시하고 선으로 연결해요.

도수분포다각형

- **무엇인가요?**: 도수분포다각형은 도수분포표에서 각 구간의 중심점을 선으로 연결한 그래프예요.
- **언제 사용하나요?**: 데이터를 여러 구간으로 나누어 그 구간의 빈도를 볼 때 사용해요.
- **예시**: 학생들이 시험에서 얻은 점수를 10점 단위로 나누어 각 구간에 몇 명이 있는지를 표시한 뒤, 그 점들을 선으로 연결해요.

차이점

- 꺾은선 그래프는 시간에 따른 변화를 보여주고, 도수분포다각형은 데이터의 분포를 보여줘요.
- 꺾은선 그래프는 매일매일의 변화를 보여주기 위해 사용하고, 도수분포다각형은 각 구간의 빈도를 쉽게 보기 위해 사용해요.

쉽게 말하면, 꺾은선 그래프는 **"어제는 몇 도였고, 오늘은 몇 도였는지"** 를 보여주는 것이고, 도수분포다각형은 **"누가 몇 점을 받았고, 몇 명이나 비슷한 점수를 받았는지"**를 보여주는 거예요.

이제 더 잘 이해할 수 있겠죠? 😊

챗GPT의 설명으로 이제 이 둘의 차이를 확실하게 알 수 있게 되었습니다.

이제 통계의 마지막 부분인 상대도수와 상대도수의 그래프를 알아보도록 하겠습니다.

상대도수와 상대도수의 그래프는 무엇인지 설명해 주세요.

알겠습니다! 상대도수와 상대도수의 그래프에 대해 쉽게 설명해드릴게요.

상대도수 (Relative Frequency)

- **무엇인가요?**: 상대도수는 전체 데이터 중에서 특정 구간이나 범주에 속하는 데이터의 비율을 나타내요.
- **계산 방법**: 특정 구간의 도수를 전체 도수로 나눠서 구해요. 예를 들어, 전체 학생이 25명이고, 20시간 이상 30시간 미만을 사용한 학생이 5명이라면, 이 구간의 상대도수는 $\frac{5}{25} = 0.2$가 돼요.
- **이유**: 데이터를 상대적으로 비교할 수 있어서 유용해요. 예를 들어, 특정 구간이 전체 데이터에서 얼마나 많은 비율을 차지하는지를 알 수 있어요.

상대도수의 그래프 (Relative Frequency Graph)

- **무엇인가요?**: 상대도수를 시각적으로 나타낸 그래프예요. 주로 히스토그램으로 표현돼요.
- **사용 목적**: 각 구간이 전체에서 차지하는 비율을 비교할 때 사용돼요. 이를 통해 데이터를 더 쉽게 비교하고 이해할 수 있어요.
- **예시**: 히스토그램은 각 구간의 상대적인 비율을 막대의 높이로 나타내요. 상대도수 히스토그램은 각 막대의 높이가 해당 구간의 상대도수를 나타내요.

예시

다음은 학생들의 스마트폰 사용 시간을 기준으로 한 상대도수의 예시입니다:

구간	도수 (명)	상대도수
10-20시간	2	0.08
20-30시간	5	0.2

30-40시간	8	0.32
40-50시간	6	0.24
50-60시간	4	0.16

이 표를 바탕으로 상대도수의 히스토그램을 그릴 수 있어요. 각 막대의 높이는 상대도수를 나타내고, 이를 통해 각 구간이 전체에서 차지하는 비율을 시각적으로 비교할 수 있어요.

이해하는 데 도움이 되었기를 바랍니다! 다른 질문이 있다면 언제든지 알려주세요. 😊

여러분은 이미 도수분포다각형을 배웠기 때문에 상대도수와 상대도수 그래프에 대해 한꺼번에 학습해도 이해가 갈 것입니다.

상대도수를 구하는 방법도 알았고, 그래프는 히스토그램이나 도수분포다각형을 그리면 된다고 하였으므로 세로축에 상대도수를 표시하여 그리는 것으로 도수분포다각형을 그릴 줄 안다면 충분히 상대도수의 그래프도 그릴 수 있습니다.

이를 위해 상대도수를 구하는 문제를 캡쳐하여 챗GPT에게 질문해 보았습니다. 여러분도 문제를 풀어보세요.

〈예시문제〉

영어 성적(점)	학생 수(명)	상대도수
50이상~60미만	4	
60~70	6	
70~80	10	
80~90	12	
90~100	8	
합계	40	

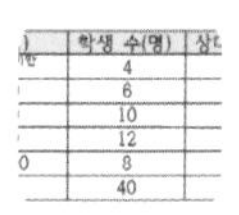

학생 수(명)
4
6
10
12
8
40

상대도수를 구하세요.

✦ 상대도수 구하기

상대도수는 전체 데이터에서 각 부분이 차지하는 비율을 의미합니다. 즉, 전체 학생 수에 대한 각 점수대별 학생 수의 비율을 구하는 것입니다.

계산 방법:

- **각 계급의 상대도수 = 각 계급의 학생 수 / 전체 학생 수**

주어진 표를 이용하여 상대도수를 구해봅시다.

전체 학생 수는 40명입니다.

- **50점 이상 60점 미만:** 4명 / 40명 = 0.1
- **60점 ~ 70점:** 6명 / 40명 = 0.15
- **70점 ~ 80점:** 10명 / 40명 = 0.25
- **80점 ~ 90점:** 12명 / 40명 = 0.3
- **90점 ~ 100점:** 8명 / 40명 = 0.2

상대도수가 포함된 표

영어 성적(점)	학생 수(명)	상대도수
50점 이상 ~ 60점 미만	4	0.1
60점 ~ 70점	6	0.15
70점 ~ 80점	10	0.25
80점 ~ 90점	12	0.3
90점 ~ 100점	8	0.2
합계	40	1

상대도수의 의미:

- **50점 이상 60점 미만** 학생은 전체 학생의 10%를 차지합니다.
- **80점 ~ 90점** 학생이 가장 많아 전체 학생의 30%를 차지합니다.

상대도수를 구하는 이유:

- **데이터 비교:** 전체 학생 수가 다를 때에도 각 계급의 비율을 비교하여 분석할 수 있습니다.

- **시각화:** 상대도수를 이용하여 히스토그램, 도수분포다각형 등 다양한 그래프를 그려 데이터의 분포를 시각적으로 확인할 수 있습니다.

이해가 잘 되셨나요? 궁금한 점이 있다면 언제든지 다시 질문해주세요.

챗GPT는 여전히 그림을 그려줄 수 없으니 여러분이 직접 모눈종이에 그려보세요. 상대도수를 정확히 계산한다면 상대도수 그래프를 그리는 것은 어렵지 않습니다.

만약 상대도수를 계산할 때 소수점이 딱 떨어지지 않을 때는 소수점 셋째 자릿수에서 반올림하여 계산하세요.

세상에는 챗GPT 외에도 그림을 전문으로 그려주는 AI인 달리, 과학 논문 조사를 전문으로 해주는 AI인 Open Scholar, 법률 자문과 동화 전문 AI 앱들이 있는 것을 여러분은 알고 있을 겁니다.

이 중에는 통계에 대해 더 많은 것을 알려 주어 배울 수 있도록 해 주는 AI인 통계 프로그램도 있어요. 통그라미라는 프로그램인데 챗GPT가 이와 같은 프로그램도 설명해 줍니다.

통그라미 통계 프로그램을 소개해 주세요.

✦ 통그라미 통계 프로그램: 데이터를 시각적으로 탐험하는 여정

통그라미는 초등학생부터 일반인까지 누구나 쉽고 재미있게 통계를 배우고 활용할 수 있도록 개발된 교육용 통계 소프트웨어입니다. 다양한 통계 분석 기능과 함께 직관적인 인터페이스를 제공하여, 데이터를 수집하고 정리하고, 시각화하여 의미를 찾는 과정을 흥미롭게 경험할 수 있도록 돕습니다.

통그라미의 주요 기능

- **데이터 입력 및 관리:** 엑셀 파일을 불러오거나 직접 데이터를 입력하여 분석할 수 있습니다.

- **기초 통계량 계산:** 평균, 중앙값, 표준편차 등 기본적인 통계량을 쉽게 계산할 수 있습니다.
- **다양한 그래프 생성:** 막대그래프, 원그래프, 히스토그램, 상자그림 등 다양한 그래프를 통해 데이터를 시각화할 수 있습니다.
- **도수분포표 작성:** 자료의 분포를 쉽게 파악할 수 있도록 도수분포표를 작성할 수 있습니다.
- **시뮬레이션:** 동전 던지기, 주사위 던지기 등의 시뮬레이션을 통해 확률 개념을 이해할 수 있습니다.

통그라미의 장점

- **쉬운 사용법:** 직관적인 인터페이스로 누구나 쉽게 사용할 수 있습니다.
- **다양한 기능:** 기초 통계 분석부터 시뮬레이션까지 다양한 기능을 제공합니다.
- **무료:** 누구나 무료로 사용할 수 있습니다.
- **교육용으로 적합:** 초등학생부터 고등학생까지 통계 교육에 활용하기 좋습니다.

통그라미로 할 수 있는 것들

- **설문조사 결과 분석:** 설문조사 결과를 입력하고 다양한 그래프를 통해 결과를 시각화하여 분석할 수 있습니다.
- **학급 성적 분석:** 학생들의 성적 데이터를 입력하고 평균, 표준편차 등을 계산하여 학급 전체의 성적 분포를 파악할 수 있습니다.
- **과학 실험 데이터 분석:** 과학 실험 결과를 입력하고 그래프를 통해 결과를 분석하고 발표 자료를 만들 수 있습니다.

통그라미 활용 예시

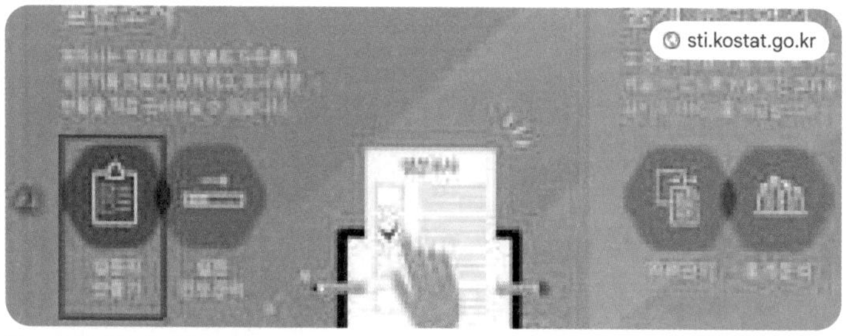

통그라미를 활용한 설문조사 결과 분석

위 이미지는 통그라미를 활용하여 설문조사 결과를 분석한 예시입니다. 막대그래프를 통해 좋아하는 과일의 비율을 한눈에 파악할 수 있습니다.

통그라미 사용 방법

통그라미는 웹 버전과 PC 버전으로 제공됩니다. 웹 버전은 인터넷이 연결된 환경에서 언제 어디서든 사용할 수 있으며, PC 버전은 오프라인에서 사용할 수 있습니다.

1. **데이터 입력:** 엑셀 파일을 불러오거나 직접 데이터를 입력합니다.
2. **변수 설정:** 각 변수의 이름과 종류(범주형, 연속형 등)를 설정합니다.
3. **분석 실행:** 원하는 분석 메뉴를 선택하고 분석을 실행합니다.
4. **결과 확인:** 생성된 그래프, 표 등을 확인하고 분석합니다.

마무리

통그라미는 통계를 어렵게 생각하는 사람들에게 친근하게 다가갈 수 있도록 돕는 소프트웨어입니다. 다양한 기능과 직관적인 인터페이스를 통해 누구나 쉽게 데이터를 분석하고 시각화할 수 있습니다. 통계에 대한 흥미를 느끼고 싶다면, 통그라미를 활용하여 다양한 데이터를 분석해 보세요.

더 자세한 정보는 통계청 통계교육원 홈페이지에서 확인할 수 있습니다.

참고: 위 이미지는 예시이며, 실제 통그라미 프로그램에서 생성되는 결과물은 다를 수 있습니다.

궁금한 점이 있다면 언제든지 질문해주세요.

- 통그라미 설치 방법
- 특정 그래프 그리는 방법
- 데이터 분석 관련 질문 등

키워드: 통계 프로그램, 데이터 분석, 시각화, 통그라미, 교육용 소프트웨어, 막대그래프, 원그래프, 히스토그램, 상자그림, 도수분포표, 시뮬레이션

추가적으로, 다음과 같은 질문을 통해 더욱 맞춤형 정보를 제공해 드릴 수 있습니다.

- 어떤 종류의 데이터를 분석하고 싶으신가요?
- 어떤 통계 분석 기법을 사용하고 싶으신가요?
- 프로그래밍 경험은 어느 정도이신가요?
- 예산은 어느 정도인가요?
- 어떤 분야에서 통계 분석을 활용하고 싶으신가요?

우리는 통계의 세상을 살고 있기 때문에 언제든지 쉽게 실제 조사한 통계 자료를 찾아볼 수 있습니다.

당장 뉴스에서 나오는 정치와 경제 관련 여론조사도 모두 통계를 이용한 것입니다. 한국인이 좋아하는 가수, 연예인, 배우, 과자 등을 설문조사해서 올린 자료도 통계의 한 분야랍니다.

이처럼 수많은 통계 자료 속에서 살고 있는 만큼 통계는 알면 알수록 재미있는 수학 분야랍니다. 그러니 혹시 통계에 흥미가 있다면 통계를 좀 더 쉽게 이해할 수 있도록 만든 흥미로운 프로그램인 통그라미를 이용해 보세요.

앞으로도 통계를 이용한 유익한 프로그램은 많이 개발될 것이며 과학, 사회학, 의학, 보험, 공학 등 여러 분야에 널리 이용되는 만큼 통계에 관심을 갖길 바랍니다.

똑똑!! 기억하세요.

통계에 대해 본격적으로 들어가는 단원입니다. 그래프를 모눈종이에 그려보는 것도 중요하고 포털사이트에서도 많이 검색하여 히스토그램부터 상대도수분포표까지 폭넓은 분석과 계산을 해 보기 바랍니다.

통계에 관한 프로그램은 매우 많습니다. 하나를 선정하여 다양하게 질문하고 답을 찾으며 이용방법을 스스로 터득해 보세요. 큰 자산이 될 것입니다.